中国经济文库·应用经济学精品系列（二）

郑志来◎著

多元视角下不同配置手段的节水研究

Multiple Perspectives on Different Configuration Means of Water-saving Research

中国经济出版社
CHINA ECONOMIC PUBLISHING HOUSE
北 京

图书在版编目（CIP）数据

多元视角下不同配置手段的节水研究/郑志来著.
—北京：中国经济出版社，2018.12
ISBN 978-7-5136-5419-7
Ⅰ.①多… Ⅱ.①郑… Ⅲ.①水资源管理—资源配置—研究—中国 Ⅳ.①TV213.4
中国版本图书馆 CIP 数据核字（2018）第 242992 号

责任编辑 彭 欣
责任印制 巢新强
封面设计 华子设计

出版发行 中国经济出版社
印 刷 者 北京建宏印刷有限公司
经 销 者 各地新华书店
开　　本 710mm×1000mm 1/16
印　　张 15.25
字　　数 175 千字
版　　次 2018 年 12 月第 1 版
印　　次 2018 年 12 月第 1 次
定　　价 54.00 元
广告经营许可证 京西工商广字第 8179 号

中国经济出版社 **网址** www.economyph.com **社址** 北京市西城区百万庄北街 3 号 **邮编** 100037

本版图书如存在印装质量问题，请与本社发行中心联系调换（联系电话：010-68330607）

序　言

中国正面临着资源型缺水、工程型缺水和水质型缺水三大问题，水资源短缺问题已经严重威胁中国粮食安全、生态安全、经济安全，甚至国家安全。习近平总书记提出了"节水优先、空间均衡、系统治理、两手发力"的治水思路。

研究表明，中国水资源短缺不仅仅是资源短缺，更是制度短缺，制度理论创新不足加剧了水资源短缺。因而解决水资源短缺问题重点是制度理论创新，体现在节流上，而不单纯是工程技术的开源。

一直以来，我国水资源配置主体以政府为主，手段以计划配置为主，导致水资源配置主体单一，配置手段单一，水资源水量和水质出现很多问题。这就需要综合考虑水资源参与者，以及水资源不同配置手段，并把这两者有机结合起来。结合笔者主持的江苏省博士研究生创新基金项目"基于政府、供水户和用水户三者的节水制度系统分析"（CX08B－047R）以及对大中型灌区和用水户协会调研的基础上，形成了本书的立意——多元视角下不同配置手段的节水研究。

本研究从水资源管理参与者——政府、供水户和用水户不同视角出发，借助计划、市场和用水户协会三种配置手段，分析了多元视角下不同配置手段的节水作用范围、比较优势、作用机理和应注意的问题。基于此分析，将多元视角下不同配置手段统一到政府框架下，形成了基于政府框架下多元视角不同配置手段的节水理论。将此理论分析框架应用到节水主要方向农业水资源节约和水资源水质管理中。农业节水研究，证明了多元视角下不同配置手段针对研究对象具有不同作用范围、比较优势和作用机理，在农业节水实际应用中应做好协调。得出政府补贴、合理的水价制度、水权市场和用水户协会建立是农业节水问题的关键因素。最后基于不同视角对水质管理进行研究，从政府视角下不同制度的比较研究，得出了排污权市场为主体排污制度是水质管理的关键，并从用水户视角对排污权市场建立的几个关键因素进行了研究。

本研究根据国内外单一视角下计划、市场配置等相关研究成果，在思路上对以前单一视角下计划或市场配置手段节水研究进行了创新，并引入供水户这个中间商作为管水新主体，对以前“供水公司 + 农户”的模式进行更广程度的拓展，并把用水户协会作为配置手段进行了深入研究，从而构建了多元视角下不同配置手段理论框架全面研究节水，总结起来主要有以下几个创新点：

(1)在前人研究基础上，构建多元视角下不同配置手段的节水作用范围和作用机理以及如何优化的理论框架，是对以前单一视角和配置手段研究的创新，并把多元视角统一到政府框架下。

(2)在前人研究启发下，引入供水户作为中间商的管水新主体，并对用水户协会这个实体作为配置手段进行了深入研究。

(3)将多元视角下不同配置节水研究理论框架应用到农业水资源节约中，对农业节水制度建设有所帮助。

目　录

第七章　多元视角下不同配置手段的水质研究

第八章　结论与展望

第一章　研究背景与文献综述

1.1　研究背景和问题提出

水是基础性的自然资源和战略性的经济资源，是生态环境、经济发展的控制性要素。水资源的数量和质量直接关系到人们生活水平和经济发展状况。从供给看，水资源总量是有限的，在一个流域或区域内的水资源总量是有限和不均的：表现之一是人均供水资源占有量少。我国淡水资源总量为 28000 亿立方米，占全球水资源的 6%，我国人均水资源量 2200 立方米，约为世界人均水资源量的 1/4，在世界上名列 110 位。表现之二是与气候条件的变化带来的水资源时空分布不均。在季风作用下，我国降水时空分布不平衡。2016 年，我国北方 6 区水资源总量 5592 亿立方米，占全国的 17.2%；南方 4 区水资源总量为 26873 亿立方米，占全国的 82.8%。表现之三是水资源年际、年内变化大，水旱灾害频繁。大部分水资源集中在汛期以洪水的形式出现，水资源利用困难，且易造成洪涝灾害。

同时水资源的质量则呈现持续恶化，水质型缺水问题日益严峻：表现之一是全国的污水排放量快速增长，对水资源造成严重破坏，加剧了水资源的紧缺程度。据统计，全国废污水排放量 1980 年的 310 亿吨增加到2017年的758亿吨。表现之二是七大流域水质不容乐观。2016年全国七大水系评价中Ⅰ～Ⅱ类断面数所占比例为51.8%，其中松花江水系、淮河水系Ⅰ～Ⅱ类断面数所占比例不到30%，分别为20.8%、22.2%，在省界之间水体水资源质量Ⅰ～Ⅲ类只占48.6%，表明政府水资源管理在流域、区域间协调存在不足。其表现之三是目前全国已形成区域地下水降落漏斗100多个，面积达15万平方千米，有的城市形成了几百平方千米的大漏斗，使海水倒灌数十千米。在水资源量相对丰富的南方，一些城市也出现水质型缺水。从需求看，《中国可持续发展水资源战略研究》分析估计，按照我国目前正常需要和不超采地下水，中国年缺水总量在300亿～400亿立方米。若考虑人口自然增长的因素，预测到2030年人口增至16亿时，人均水资源量将降至1760立方米，接近国际公认1700立方米用水警戒线，水资源形势将更加严峻。我国在一段较长时期粗放型开发利用水资源，片面追求经济的高速增长，忽略了水资源与人口、经济协调发展。不合理的用水方式，进一步加剧了我国水资源问题的严重程度，使得我国缺水呈现出资源型缺水、工程型缺水和水质型缺水三大特点。尤其是进入“十二五”，随着人口数量的增加、工农业生产规模的持续扩大，以及城市化水平和城市化率的大幅提高，对水资源的需求日益增长，使得水资源的供给与需求矛盾更加突出。2011年中央“一号文件”明确了今后全国年用水总量力争控制在6700亿立方米以内。水资源供需紧张、水旱灾害频繁和生态环境日益恶化的局面，要求我们必须逐步建起水资源高效集约式的利用模式，以水资源的可持续利用维持经济社会的可持续发展。

在此水资源总量有限、水质不达标和需求稳定增长矛盾下，我国相继在2002年出台了新《水法》，并在2009年、2016年进行了修改；2008

年出台了《水污染防治法》,并在2017年进行了修正;2006年颁布了《取水许可和水资源费征收管理条例》,并在2017年进行了修正;2016年我国出台了《水权交易管理暂行办法》。这些法律和条例的出台在宏观以及微观上通过建立流域管理与区域管理相结合、总量控制与定额管理相结合的水资源管理制度,建立以水权、水市场理论为基础的水资源管理体制,形成以经济手段为主的节水机制,建立起自律式发展的节水模式,使节水和每个用水户的经济利益挂钩,建立节水型工业、农业、服务业,才能实现节水型社会的目标,实现水资源的高效利用、优化配置和全面节约,促进经济、资源、环境协调发展。尤其是新《水法》中增加了市场对水资源配置的基础性作用,对原有过多的计划配置进行了优化。取水许可制度、水价改革、水利工程管理体制改革则进一步在微观上去理顺水资源管理原有体制的不足。这中间既有计划配置,也有市场配置,甚至某些环节需要用水户协会配置对原有配置补充。问题的关键是计划、市场和用水户协会配置范围在水法、条例和通知没有明确,同时政府制定者仅考虑供水户、用水户利益,而没有专门站在供水户和用水户视角去系统研究水资源管理。这就容易产生配置手段之间不协调,不同视角会得出不同配置的效果。

基于多元视角下不同配置手段的节水研究正是基于水资源供需失衡和水资源管理体制没有完全理顺背景下提出来的。由于水资源总量有限、工程型水资源利用趋于上限和水资源水质恶化,同经济发展、人口增长导致用水需求稳定增长的矛盾,使得单一配置手段已经不能适应水资源管理要求。同时,水资源不仅是一般性生产要素资源,还是基础性的自然资源,还是战略性的经济资源,正是水资源的这种公益性特征、生态特征和不可替代特征,水资源合理配置才显得十分重要。在此情况下，如何合理配置水资源，尽量满足各类用水需求，解决资源型缺水、工程型缺水和水质型缺水问题，以及水资源管理体制变革适应多元配置手段的需要成了很重要的研究课题。本研究结合笔者主持的江苏省博士研究生创新基金项目"基于政府、供水户和用水户三者的节水制度系统分析"（CX08B－047R）以及对大中型灌区和用水户协会调研的基础上，综合全面考虑水资源参与者，以及水资源不同配置手段，并把这两者有机结合起来。从水资源管理参与者——政府、供水户和用水户出发，借助水资源配置手段计划、市场和用水户协会，原则是哪种配置方式综合评价最好就采用哪种配置。突破传统的政府视角思考过多，水资源管理计划配置手段过多。引入了供水户作为专业化分工产物，作为中间商管水新主体对政府进行部分取代。在配置手段上引入了用水户协会作为水资源配置新手段。通过这两大变革来解决水资源管理中视角和配置手段过于单一问题。其节水研究内涵除水量外，还应包括水质稳定和提高，水资源高效利用。这就形成了本研究所要研究的基本问题就是站在政府、供水户和用水户不同视角去分析计划、市场和用水户协会配置内容、比较优势和作用范围，以及如何优化等问题。并在此基础上，将其多元视角统一于政府框架下。最后将其理论分析框架应用到节水主要方向中的农业节水和水资源水质稳定提高的研究中。需要注意的是，本研究的节水研究一方面是水资源量的合理利用，利用率的提高，从而达到节约水资源，这在本研究第六章中得以体现；另一方面节水研究包括水资源质的稳定与提高，从而符合不同层次用水需求，这在本研究第七章中得以体现。而前面四章的理论研究是对水资源水量和水质的总体研究。

1.2 文献综述

1.2.1 相关概念

1.2.1.1 水资源合理配置的含义

20世纪90年代初，基于我国水资源供给与需求失衡，每年存在巨大供给缺口以及水资源污染日益严重，水质型缺水问题日益突出，水资源合理配置这个概念被正式提出。起初主要是针对水资源短缺地区和用水的竞争性问题，以后随着可持续发展概念的深入，其含义不仅仅针对水资源短缺地区，对于水资源丰富的地区，基于可持续发展理念，也应该考虑水资源合理利用问题，因而也存在水资源合理配置问题，只是目前在水资源短缺地区此问题更为迫切而已。

对于水资源合理配置的含义，目前还没有形成统一的定义，很多学者根据研究提出了自己的解释。李令跃、甘泓从可持续发展的角度对水资源合理配置进行了定义，即“在一个特定的流域或区域内，以可持续发展为总原则，对有限的、不同形式的水资源，通过与非工程措施在各用水户之间进行科学分配”。王济干等提出了基于和谐性的水资源配置，指出水资源和谐性配置是指在一个特定的区域（流域）、时间内，以和谐发展为总原则，将一定量和质的水资源，按不同的用途和需求，通过工程和管理措施在各用水户之间进行科学合理的分配。赵斌等认为，水资源合理配置是指在一定时段内，对一特定流域或区域的有限的多水质水资源，通过工程和非工程措施，合理改变水资源的天然时空分布；通过跨流域调水及提高区域内水资源的利用效率，改变区域水源结构,兼顾当前利益和长远利益;在各用水部门之间进行科学分配,协调好各地区及各用水部门之间的利益矛盾,尽可能地提高区域整体的用水效率,实现流域或区域的社会、经济和生态环境的协调发展。王浩、秦大庸、王建华等在黄淮流域水资源合理配置中,针对北方干旱地区提出了水资源合理配置的定义:在水资源生态经济系统内,按照可持续性、有效性、公平性和系统性的原则,遵循自然规律和经济规律,对特定流域或区域范围内不同形式的水资源通过工程与非工程措施,对多种可利用水源在宏观调控下进行区域间和各用水部门间的科学调配。王顺久等认为,水资源合理配置是指在一个特定流域或区域内,工程与非工程措施并举,对有限的不同形式的水资源进行科学合理的分配,其最终目的就是实现水资源的可持续利用,保证社会经济、资源、生态环境的协调发展,水资源优化配置的实质就是提高水资源的配置效率,一方面是提高水的分配效率,合理解决各部门和各行业(包括环境和生态用水)之间的竞争用水问题。2002 年我国颁布的《全国水资源综合规划技术大纲》(水利部水规计〔2002〕330 号)对水资源合理配置给出了一个比较权威的定义,即"在流域或特定的区域范围内,遵循有效性、公平性和可持续性的原则,利用各种工程与非工程措施,按照市场经济的规律和资源配置准则,通过合理抑制需求、保障有效供给、维护和改善生态环境质量等手段和措施,对多种可利用水源在区域间和各用水部门间进行的配置"。

本研究给出水资源合理配置的定义是基于水资源供需矛盾现实,通过各种工程与非工程手段提高水资源利用效率和水资源质量,合理配置水资源在区域间和各用水部门间的比例,协调好水资源与经济、环境、生态的关系,目的是保证水资源可持续利用。

1.2.1.2 多元配置的含义

目前国内外水资源配置手段主要包括三种，即计划配置、市场配置、用水户协会配置。计划配置是指政府部门通过制定水资源综合规划、水量分配方案等，以行政指令或法规规章等形式进行水资源配置。该配置手段多适用于水资源国家所有和计划经济体制。例如，我国在1949—1965年不收水费，由国家按需无偿配置和1965—1978年也是计划经济下的水资源低价配置。包括1978年至今我国仍然以计划配置为主，而多元配置手段则是逐步介入的格局。市场配置是指政府部门利用经济手段配置水资源的方式，其思路是把水资源作为一种商品，通过界定清晰的产权，利用市场规则和市场行为进行水资源再分配，如水权市场和排污权市场。2001年浙江省东阳义乌的首次水权交易、2002年初水利部在甘肃省张掖市的节水型社会建设、2003年宁蒙（宁夏回族自治区和内蒙古自治区）的水权转换等在水市场方面也做出了有益的尝试。在这方面研究学者不少，胡鞍钢等（2000）提出了“准市场”分配水资源思路，在平等基础上建立规范的政治民主协商制度。王先甲等（2001）通过数学模型对集中分配机制和市场分配机制的关系推导，认为市场分配机制既能克服集中分配机制信息不对称的弊端，同时也能在平衡价格体系下实现分配效率的效益最大化。曹永强等（2004）在分析水权、水市场、水价的基础上，建立了水资源优化配置模型，从经济学角度探讨了水资源的市场配置。还有胡继连提出水权6种分配模式，周玉玺提出市场与非市场双层水资源配置制度，汪恕诚提出水权转换等思路。用水户协会配置是指流域或区域内的用水团体成立类似于俱乐部形式的组织，利用其团体及成员之间优势进行水资源配置，其主要内容为按灌溉渠系的水文边界划分区域（一般以支渠或斗渠为单位），同一渠道控制区内的用水户参与组成有法人地位的社团组织(用水户协会),通过政府授权将工程设施的维护、管理和使用权部分或全部交给用水户自己承担,使用水户成为工程的主人。我国在1995年通过世界银行贷款长江水资源项目,引入了自主管理灌排区和农民用水户协会的概念,并把它作为灌区管理体制改革的方向在项目区进行试点。据不完全统计,世界银行通过国家农业综合开发办公室和水利部,已贷款支持了湖南铁山北灌区、湖北漳河灌区等近二十来个灌区的用水户协会改革。2005年水利部、国家发改委、民政部联合下发了《关于加强农民用水户协会建设的意见》(水农〔2005〕502号),全面系统地阐述了加强用水户协会建设的重要性、发展的指导思想和原则,规范了协会的职责任务、组建程序和运行管理,明确指出要为农民用水户协会健康发展营造良好的政策环境。据水利部统计,到2016年底,全国已经成立5万多家农民用水户协会,其中大型灌区范围内有1.7万多家,在全国大型灌区中,由协会管理的田间工程控制面积占有效灌溉面积的比例达40%以上。在这方面有些学者做了研究,徐方军(2001)提出了用水户参与或协调配置方法,即由代表用户或相关利益团体的组织控制分配。徐华飞(2001)提出了俱乐部机制来优化配置水资源,并说明俱乐部机制与市场机制不同。相关文献对其研究内涵和深度还不够,主要集中在将用水户协会作为参与式管理来进行研究,还没有把用水户协会作为配置手段进行研究。

本研究对水资源多元配置手段的理解为,它实质上是基于水资源的利益分配,既可以通过市场也可以通过非市场手段来实施。单独运用计划、市场或用水户协会进行水资源配置,都有各自的优势和缺陷,单一配置手段很难提高水资源配置效率,水资源合理配置是这三种配置手段的综合运用。

1.2.2 国内外研究述评

1.2.2.1 国外水资源配置理论的研究综述

水资源配置理论大致经历了探索、发展、成熟推广三个阶段，研究变量从单目标到多目标，从水量到水质水量等。国外以水资源系统分析为手段，水资源合理配置为目的的研究工作，始于20世纪40年代Masse提出的水库优化调度问题。20世纪50年代以后，随着系统分析理论和优化技术的引入，以及60年代计算机技术的发展，水资源系统模拟模型技术得以迅速研究应用。1953年，美国陆军工程师兵团(US-ACE)在美国密苏里河流域研究6座水库的运行调度问题时设计了最早的水资源模拟模型。科罗拉多的几所大学于1960对计划需水量的估算及满足未来需水量的途径进行了探讨，体现了水资源优化配置的思想。1961年Castll和Imdebory首次把线性规划方法运用到水资源分配中，成功地解决了两个农业用户之间的水量分配问题。1962年美国哈佛大学A. Maass教授研制了单目标非线性静态规划模型，目标函数为流域水资源开发治理的总净效益最大。D. H. Marks(1971)提出了水资源系统线性决策规划后，采用数学模型的方法描述水资源系统问题便更为普遍。Mulvihill和Dracup(1971)用非线性规划方法建立了城市供水和污水处理的联合规划模型。Smith(1973)将随机线性规划应用于灌溉规划中。Dudley和Burt(1973)把动态规划应用于灌溉水库的管理上，利用马尔科夫链的转移概率对递推动态方程加权。同年Meredith等人给出了关于灌溉配水系统的两个初步而又有启发性的动态规划的例子。Y. Y. Haimes(1974)对地表水库、地下含水层联合调度的多层次管理技术,使模拟模型技术向前迈进了一步。J. A. Dracup 和 A. D. Fudmar (1974)用系统方法对南斯拉夫 Moraua 流域的水资源规划管理进行了研究。J. M. Shafer 和 J. W. Labadie(1978)提出了流域管理模型。美国麻省理工学院(MIT)于 1979 年完成的阿根廷河 Ric Colorado 流域的水资源开发规划,是最具成功和有影响的例子。

进入 80 年代以后,由于引入系统工程的原理和方法,水资源配置的目标由单一强调经济发展,逐步过渡到更广泛的社会需求方面,研究范围不断扩大,深度不断加深,研究成果也不断增多。Pearson 等(1982)以产值最大为目标,以输送能力和预测的需求值为约束条件,用二次规划方法对英国 Nawwa 区域的用水分配问题进行了研究。P. W. Herbertson 等(1982)针对潮汐电站的特点,考虑了各部门利益的相互矛盾,利用模拟模型对潮汐海湾的新鲜水量进行了模拟计算,展现了模拟技术的优越性;E. Romijn 和 M. Taminga(1982)考虑了水的多功能性和多种效益的关系,强调决策者和科技人员间的合作,建立了水资源分配的多层次模型,体现了水资源配置问题的多目标和层次结构的特点。G. Yeh (1985)对系统分析方法在水库调度和管理中的研究和应用曾作了全面综述,他把系统分析在水资源领域的应用分为线性规划、动态规划、非线性规划和模拟技术等。A. A. 索柯洛夫和 H. A. 希克洛曼诺夫提出在实施径流调配之前,应先对它进行全面的科学论证,并预测它可能带来的自然环境的变化。Bowen 和 Young(1985)用线性模型来估计埃及尼罗河北部的灌溉供水的财政和经济的净收益。Willis(1987)应用线性规划方法求解了一个地表水库与四个地下水含水单元构成的地表水、地下水联合运行管理问题,地下水运动用基本方程的有限差分式表达,目标为供水费用最小或当供水不足情况下缺水损失最小,同时用 SUMT 法求解了一个水库与地下水含水层的联合管理问题。Ahmed 和 Sampath (1988)通过研究孟加拉国家的水井市场提出,水资源占用中存在的跨用户外部效应、跨时相互依赖、固定成本偏高和供应的不确定性都会阻止水市场运行,因此只通过市场很难达到有效配置。Brajer 和 Martin (1990)从水资源的社会价值、法律的不完全、权利转让等多个角度提出,由于市场分配的有效性依赖于几个值得怀疑的其他条件不变的假设,如给定水文分布不存在不确定性、不考虑外部性等,而完全依赖于水权市场提高水的分配效率面临着社会外部性和法律不确定的困境,所以单纯依靠水市场不能消解水资源危机。

进入 20 世纪 90 年代,由于水污染和水危机的加剧,传统的以供水量和经济效益最大为水资源优化配置目标的模式已不能满足需要,国外开始在水资源优化配置中注重水质约束、水资源环境效益以及水资源可持续利用研究。尤其是决策支持技术、模拟优化的模型和方法等的应用使得水资源量与质管理方法的研究产生了更大的活力。国外研究的另一趋势表现在注重水资源优化配置系统和方法研究,与此同时,对地下水和地表水关系研究的文献也日益增多。Afzal 和 Javaid(1992)针对巴基斯坦的某个地区的灌溉系统建立了线性规划模型,对不同水质的水量使用问题进行优化。Ostrom(1993)对尼泊尔部分灌区自主治理模式的形成验证了这一点,即尽管灌溉系统存在上下游不对称关系,但基于对长期利益的共同期望,灌区占用者仍可达成合作。Watkins (1995)介绍了一种伴随风险和不确定性的可持续水资源规划模型框架,建立了有代表性的水资源联合调度模型。R. A. Fleming 和 R. M. Adams(1995)建立了地表水和地下水联合运用系统的多目标管理模型,模型将地表水和地下水处理费用作为管理目标。Henderson 等

(1995)建立了博弈模型,用于模拟内在的集体行为过程。博弈者是流域状态和国家管理机构。基本的发现是博弈者在不同规则游戏中的选择基本相似,而且与非消费性的用户(如发电、环境、用水和盐分控制以及娱乐)相比,这种选择更受消费性水用户的欢迎,并且现有的规则不必要约束上游和下游的水资源配置。Dinar(1995)在总结各种水资源配置方法在不同地区应用的基础上,提出了以经济目标为导向,在深入分析用水户和各方利益相关者的边际成本和效益下配置水资源的机制。Mukherjee(1996)建立了一个流域 CGE 模型用于分析部门间的水资源配置,并应用于南非的 Olifants 河。Norman(1997)将作物生长模型和具有二维状态变量的随机动态规划相结合,对灌区的季节性灌溉用水量分配进行了研究。Perrcia 等(1997)以经济效益最大为目标,建立了以色列南部 Eilat 地区的污水、地表水、地下水等多种水源的管理模型,模型中考虑了不同用水部门对水质的不同要求。Meinzen 和 Mendoza (1996)、Meinzen(1997)指出,在市场的发展中,政府对于创造支持性的制度环境是有责任的。水市场是否可以实现最优配置,取决于地方、区域和国家政府的支持。而为了水市场成功,政府对界定和实施水权进行干预,对灌溉外部性和第三方效应坚持监督和管制,通常是必要的。Wang M. (1998)研究 GA 和 SA 在地下水资源优化管理中的应用,考虑地下水最优开采率随水流状态而变化的特性,建立了地下水多阶段模拟优化混合模型,通过 GA 和 SA 的求解结果与线性规划、非线性规划、动态规划结果的比较,来评价 GA 和 SA 的优点和缺陷。Kumar 等(1999)建立了污水排放模糊优化模型,提出了流域水质管理的经济和技术上可行的方案,因该模型忽略了不同行业的排放量与污水处理水平不一致的问题,于是又提出了一个所有污水排放非歧视性可替代方案，并可由污染控制部门来实施。Vermillion（1997）和 Reidinger（2000）在参与式水资源治理模式中，WUA 等参与式组织与政府及其水务机构形成合作关系，在灌区形成上下双层的信息传递和监控激励关系，以有效地降低促使具体用水户在流域机构的规划中合作和履行义务的行政成本，实现水资源的优化配置。Morshed（2000）回顾了 GA 在非线性、非凸、非连续问题中的应用，对改进 GA 的可能方面进行了研究与探索。Rosegrant 等（2000）建立了一个整体经济—水文模拟模型，并应用于智利的迈波河（Maipo）流域。该模型框架阐明了水配置、农场主投入、农业生产力、非农业用水需求量和资源衰竭之间的关系，并以此估算水资源配置的改进和水利用带来的社会和经济效益。Tisdll（2001）研究了澳大利亚 Border 河 Queensland 地区水市场的环境影响，指出水权交易有可能使生产需水和天然流量情势之间矛盾增加，因为生产用水集中于有高利润的作物种植，水市场有可能限制恢复自然流量情势的水政策的有效性，因此需要在生产需水和环境需水之间加以平衡。Dai 等（2001）将水质成分浓度约束引入 MODSIMQ 流域网络模型中。由实例研究进行的模型校核证实了 MODSIMQ 模型合理地重现了校核期的历史流量和含盐度水平。该模型在美国科罗拉多州阿肯色河（Arkansas）流域中的应用，成功地模拟了包括众多水交换机构对流域河道外储水管理利用的复杂的法律和行政问题。多种管理方案的结果表明，地下水与地表水的合理联合应用可同时满足用水户的水量要求和含盐度控制要求。Tewei（2001）建立了流域整体的水量水质网络模型。Charalambous（2001）以塞浦路斯为例，对有限的水资源配置如何充分考虑生态、社会、经济间的均衡进行了研究，并强调为应对不断增加的水短缺，应该制定将水作为生态、社会的一种自然资源和经济价值的重要部分的水资源综合管理政策。水权转让是水资源优化配置的重要手段,引入市场机制配置水资源是一种有效途径。Jerson 等(2002)针对经济用水超过水资源的承载能力的干旱地区,讨论了水分配机制,提出了基于不同用水户的机会成本的分配模型。Hare 等(2002)建立了一个基于主体的综合分析模型,包括农场模型、地下水污染模型、政策者模型、农户决策模型和市场模型等 5 个部分,考察不同污染控制经济政策(如收入税、化肥使用税和排污费等)对农户各种生产决策的影响。McKinney 等(2002)提出基于 GIS 系统(OOGIS)的水资源模拟系统框架,作了流域水资源配置研究的尝试。Fedra(2002)开发了流域综合管理软件,其功能包括流域的水资源规划管理、水资源配置、污染控制以及水资源开发利用的环境影响评价。Aquarius 是由美国农业部(USDA)为主开发的流域水资源模拟模型,该模型以概化建立的水资源系统网络为基础,采用各类经济用水边际效益大致均衡为经济准则进行水资源优化分配,并采用非线性规划技术寻求最优解。Bjornlund(2003)则以南澳大利亚为例,介绍了设定水权、允许水市场交易后带来的灌溉用水效率提高的经验。Moledina,Requatea,Fischer,Pezzey(2003)在排污权交易制度的污染削减的激励性、技术革新的激励性、福利影响、经济机制弹性影响等方面同排污权税收制度进行了比较。Morthorst(2001,2003)探讨了使用绿色认证和排污权的方式在国际交易中如何进行交互,认为如果对国家 GHG 削减计划做出贡献,那么一个国际可交易排污许可权市场和一个绿色认证市场的结合可能是一个正确的选择。Becu 等(2003)提出多智能体系统 CATCHSCAPE 模型,并用于解决泰国北部流域上游灌溉管理对下游农业生产力影响这一争论不断扩大的议题。该模型可以模拟整个流域的特征和用户的个人决策,社会动力学特征由一套资源管理过程来描述,水资源管理根据实际不同层次的控制来描述。Sakhiwe 和 Pieter(2004)研究了由斯威士兰、南非以及莫桑比克三个国家共用的科马提河下游的水资源分配问题,指出只有多种方法的组合,才能保证科马提河下游的水资源得到可持续发展。Maja 等(2005)为 Amudarya 河及其三角洲地区建立了一个简单的水资源管理模型,这个模型构成了一个基于 GIS 仿真系统的主要模块,它使评价 Amudarya 河及其三角洲地区的不同水资源管理政策的生态影响简单易行。随着进化算法等新优化算法的研究和完善,开始在水资源优化配置中得到应用。这些研究成果证明了新优化算法引入水资源优化配置研究的优越性和有效性,并在应用过程中使新优化算法得到了较好的改进和完善。Khare 等(2006)建立了基于线性规划的经济—工程优化模型,探索地下水与地表水资源联合应用的潜力,并将该模型用于 Krishna 与 Pennar 流域水资源联合配置中,结果表明该优化模型可行并易于用在连接河渠的控制中。Calatrava 和 Garrido(2006)分析了用水集体如何共享成本、风险和利益等问题,指出集体模式会带来更多的社会合作和更多的效率方式以应对各种集体和个体风险,因而促成水权共同体成员间的合作是消解水资源危机的有效途径。Pahl - Wostl(2007)指出自然资源系统的非闭合性、不确定性、开放性和不断演化性符合复杂适应系统的特征,并以水资源系统管理为例,提出将考虑了人类—技术—环境系统复杂性的综合资源管理付诸实践,为实现可共享的和具有适应性的资源管理方法提供了依据。这些方法能够应对由迅速变化的社会经济条件和全球气候变化带来的不断增加的不确定性。Rammel 等(2007)指出自然资源的可持续管理是一个需要不断提高的开放的演进过程,并吸取复杂适应系统理论、演化理论和进化经济的理论,提出对于自然资源系统管理的协同演进的观点,揭示了存在于自然资源、社会机构和个体行为之间的相互作用。Abolpour 等(2008)将自适应神经模糊推理系统(ANFIS)模型与模糊强化学习(FRL)模型整合得到一种改进的优化模型——自适应神经模糊强化学习模型,用于解决具有不确定性背景的大规模复杂流域的水资源优化配置问题。该模型在爱尔兰法兰斯省北部流域的应用结果表明,流域的水分配效率和可靠性比利用传统的优化模型提高 16%。Marchiori C 等(2012)提出水回购制度来解决水资源不足和过度开发等问题。Kolinjivadi 等(2014)发现水权市场性质对水权价格以及水权市场的价值有着明显的影响,如市场信息的透明程度、水权市场的参与人数,并且会导致价格歧视现象的出现。Connell 等(2015)研究指出墨累—达令流域的水权交易市场大量节约了由于干旱带来的损失。SU Puya 等(2018)针对水权制度改革提出相对应的弹性取水指标、水权流转所涉及的补偿措施、水权确权处理和水权交易平台四方面建议。

通过对国外研究文献不难发现,国外水资源配置由单目标向多目标,由水量向水质水量,由地表水向地下水和地表水等不断深入,研究范围在不断扩大,深度在不断增强。国外相对比较有影响的文献研究呈现两个特点:第一,国外研究注重对某一流域的具体研究,相对比较微观;第二,国外研究注重其他领域技术方法应用,如数值模拟、系统工程理论、复杂理论等。

1.2.2.2 国内研究进展

国内水资源配置方面的研究起步较晚,但发展很快。20 世纪 60 年代水资源配置是以水库调度和地下水管理以及地表水与地下水联合运用管理为先导的。例如,吴仓浦(1960)就提出了年调节水库最优运用的 DP 模型,谭维炎等(1982)也尝试了将运筹学技术应用于四川狮子滩水库水电站的优化调度中。70 年代以来,水资源规划和管理的目标,从单一的经济目标转到还要同等考虑社会、环境要求的多目标上来。到了 80 年代,区域水资源的优化配置问题在我国开始引起重视。由华士乾教授为首的研究小组对北京地区的水资源利用系统工程方法进行了研究,该项研究考虑了水量的区域分配、水资源利用效率、水利工程建设次序以及水资源开发利用对国民经济发展的作用,成为水资源系统中水量合理分配的雏形。翁文斌等(1984)指出在一个地区或流域进行水资源规划时,应考虑地表水和地下水的相互联系和转化,以及它们的动态变化和随机性,从而使整个系统的水资源得到充分合理的开发和利用。贺北方(1988)提出区域水资源优化分配问题,建立了大系统序列优化模型,采用大系统分解协调技术求解。吴泽宁等(1989)以经济区社会经济效果最大为目标,建立了经济区水资源优化分配的大系统多目标模型及其二阶分解协调模型,用层次分析法间接考虑水资源配置的生态环境效果,并以三门峡市为例对模型和方法进行了验证。张永贵(1994)以河北省廊坊地区为例,进行了区域水资源开发利用战略案例研究,目标是优化、改善区域水环境,建立一个新的高效的供需水平衡系统。刘昌明、黄荣辉(1997)构建华北地区水资源供需矛盾诊断指标体系,应用综合评价方法,对水资源供需矛盾、缺水性质及缺水原因等进行了深入分析,指出人类对水资源的过度开发利用是华北地区水资源演化和短缺恶化的主要原因。陈守煜(2001)在论述区域水资源可持续利用与水资源承载能力关系的前提下,提出了区域水资源可持续利用评价的模糊模式识别理论、模型和方法。王劲峰等(2001)提出区域调水量的空间分配、时间分配和部门分配的边际效益均衡模型和优化配置理论模型。赵斌、董增川、徐德龙等(2004)在考虑需水量的基础上,兼顾了不同用水部门对水质的不同需求,提出了分质供水思想及模型。王海政等(2007)以可持续发展视角下的区域水资源优化配置模型,针对水资源优化配置表现出的主从递阶决策、多目标决策、多阶段决策等特点,构建了优化配置模型。

水资源优化配置的理论研究先后经历了“以需定供”“以供定需”“基于宏观经济的水资源配置”三个阶段,以及目前的“可持续发展的水资源配置”第四个阶段。水利部黄河水利委员会利用世界银行贷款,进行了“黄河流域水资源经济模型研究”,并在此基础上,结合国家“八五”科技攻关项目,进行了“黄河流域水资源合理分配及优化调度研究”,对地区经济可持续发展与黄河水资源、地区经济发展趋势与水资源需求、黄河水资源规划决策支持系统、干流水库联合调度、黄河水资源合理配置、黄河水资源开发利用中的主要环境问题等方面,进行了深入研究,并取得了较为成功的经验。这项研究是我国第一个对全流域进行合理配置的研究项目,对全面实施流域管理和水资源合理配置起到了典范的作用。翁文斌等(1995)将宏观经济、系统方法与区域水资源规划实践相结合,形成了基于宏观经济的水资源优化配置理论。许新宜、王浩、甘泓等(1997)提出了基于宏观经济的水资源合理配置理论与方法,包括水资源配置的定义、内涵、决策机制和水资源配置多目标分析模型、宏观经济分析模型、模拟模型,以及多层次多目标群决策计算方法、决策支持系统等。谢新民等(2000)在分析宁夏自然条件、水资源特点和当前社会经济发展趋势等基础上,基于社会经济可持续发展和水资源可持续利用的观点,分析宁夏水资源优化配置的目标及要求,建立了水资源优化配置模型系统。薛小杰等(2001)从水资源可持续利用系统的目标参量入手，建立了水资源可持续利用的多目标分析评价核心模型。赵建世、王忠静、翁文斌（2002）在分析了水资源配置系统复杂性及其复杂适应机理分析的基础上，构架出全新的水资源配置系统分析模型。冯耀龙等（2003）系统分析了面向可持续发展的区域水资源优化配置的内涵与原则，建立了优化配置模型，给出了其实用可行的求解方法。裴源生等（2007）提出了广义的水资源合理配置，以自然—人工复合系统为配置对象，以宏观经济分析为总控，以水循环模拟为基础，通过水量水质统一配置，实现水资源在经济社会和生态系统中的高效配置，维持经济社会的健康发展，保障生态与环境的稳定，以水资源的可持续利用保障经济社会的可持续发展。王宗志等（2010）提出了基于初始水量权与初始排污权统一分配的二维水权概念，构建了以水资源系统和谐度最大为目标的流域初始二维水权分配模型；周婷等（2015）通过科罗拉多河水权分配历程为我国水资源优化配置提供了借鉴；吴丹等（2017）通过用水总量和用水强度控制的制度约束建立了流域初始水权分配的多层梯阶决策模型。

其中在研究水资源配置方法上除了经济学最新分析方法外，模拟、优化和复杂理论模型等计算机应用和决策相关理论成果也引入。李寿声、彭世彰（1986）结合一些地区水库调度实际问题，拟订了一个非线性规划模型和多维动态规划模型，用于解决满足多种水源分配的水库最优引水量的问题；翁文斌等（1988）以安阳市地面水和地下水联合调度为例，在其水资源循环过程中建立了农业灌水、城市需水、农业需水、配水等七大物理模拟模块。程吉林等（1990）采用模拟技术和正交设计对灌区进行优化规划，利用层次分析法扩大了优化范围。翁文斌、惠士博（1992）利用动态模拟方法对区域水资源规划的供水可靠性进行了分析研究。中国科学技术出版社出版的《水资源大系统优化规划及优化调度经验汇编》(1995)一书就是总结我国近年来在供水、水电、灌溉与围垦、防洪与治涝以及综合利用方面的实践经验,介绍这方面的新理论和新技术。甘泓、尹明万等(1999)结合新疆的实际情况,研制出可适用于巨型水资源系统的智能型水供需平衡模型,该模型有两个突出特点,一是考虑了生态需水问题,二是考虑了水系统结构复杂、要素众多等特点。模型采用了智能化技术,确保了计算精度和加速了计算速度。吴险峰等(2000)探讨了枣庄市在水库、地下水、回用水、外调水等复杂水源下的优化供水模型,从社会、经济、生态综合效益考虑,建立了水资源量优化配置模型。方创琳等(2001)以柴达木盆地为例,采用以投入产出模型、AHP法等定性为主的决策方法和以系统动力学模型、生产函数模型等定量为主的决策方法生成水资源优化配置基准方案;马斌等(2001)对多库多目标最优控制运用的模型与方法、灌区渠系优化配水、大型灌区水资源优化分配模型、多水源引水灌区水资源调配模型及应用进行了研究。贺北方、周丽等(2002)将大系统分解协调技术应用于区域水资源优化配置模型,将模型分解为二级递阶结构,同时探讨了多目标遗传算法在区域水资源二级递优化模型中的应用。杨力敏(2002)论证了东阳—义乌水权交易的内涵,指出东阳—义乌水权转让中转让的不是水资源的使用权,而是地方政府对其所管辖地区水资源的管理支配权,是水体管理支配权的有偿转移。赵建立等(2002)应用复杂适应系统理论,提出了水资源配置系统分析模型。刘建林等(2003)建立了南水北调东线工程联合调水仿真模型,提出了调度模型的计算过程以及调算的水文系列和计算时段。肖志娟等(2004)应用博弈论原理与方法求解应急调水的合理补偿量,解决调水各方的利益冲突,提出了3

种补偿方式,并用博弈原理对3种方式进行了分析,求解在纳什均衡条件下,利用水权交易方式和行政调节方式实现水资源配置目标的补偿量方案。尹云松等(2005)运用博弈论对流域不同地区在水资源数量与质量分配方面的双重冲突进行分析,寻求实现流域各地区水资源数量与质量分配合作均衡的有效途径。张红亚等(2006)建立了水量分配指标体系,构建水权分配的层次结构图,应用模糊综合决策和层次分析法,进行多方案、多层次的模糊优选,建立初始水权分配的数学模型,并对我国南水北调东线一期工程的调水量进行了分配。王慧敏等(2007)结合复杂适应系统,建立了水权交易CAS模型,引入了相应的运行机制,并在SWARM仿真平台基础上验证了理论的合理性。结论表明:市场机制的引入对配置水资源是有效的,可提高单位用水效率、效益和政府满意度等。李胚等(2014)以最严格水资源管理需求为导向,构建"用户—流域—跨流域"层级水权交易模式。吴凤平等(2018)提出基于市场导向的水权交易价格形成机制,包括水权交易基础价格和水权场内交易双边叫价拍卖。

20世纪90年代以来,由于水污染和水危机的加剧,传统的以供水量和经济效益最大为水资源优化配置目标的模式已不能满足需要,我国对考虑水质因素的水资源优化配置研究才刚刚开始,过去只注重水质的变化对水域生态系统的影响,在水资源配置中考虑较少。卢华友等(1997)以跨流域水资源系统中各子系统的供水量和蓄水量最大、污水量和弃水量最小为目标,建立了基于多维动态规划和模拟技术相结合的大系统分解协调实时调度模型,采用动态规划法进行求解,并以南水北调中线工程为背景进行了实例验算。该成果考虑了污水量最小目标,体现了水质水量统一的思想。徐慧等(2000)为使大型水库群在大范围暴雨洪水期间综合效益达到最优,采用动态规划模型求解淮河流域大型水库群的水量联合优化调度问题。邵东国、郭宗楼(2000)以河北省洋河水库为例,建立了涵盖引水、供水、灌溉、防洪的综合利用的水库水量水质统一调度大系统多目标分解聚合模型。王好芳等(2004)根据水资源配置的目标建立了水量分析、水质分析、经济分析、生态环境分析等子模型,并在此基础上,根据大系统理论和多目标决策理论建立了基于量与质的面向经济发展和生态环境保护的多目标协调配置模型,为流域或区域的水资源可持续开发与社会经济的协调发展提供参考。吴泽宁等(2007)在分析水质配置要素内涵的基础上,以生态经济效益最大为目标,建立了区域水质水量统一优化配置方案生成模型。张荔等(2008)根据小流域的降水、径流和水循环等水文特性,并结合河流水质模型,综合模拟河流流量及主要水质指标变化。卜国琴(2010)提出了排污权交易市场机制的实验研究,建立排污权交易市场机制设计实验研究的理论模型,并通过实验研究发现双向拍卖与分散交易两种不同交易制度对排污权交易市场效率高低存在影响,同时交易费用对市场运行效果也有影响。李春晖等(2016)梳理了水权交易对生态环境的影响研究,指出未来研究趋势在可交易生态环境水权研究和水权交易对生态环境的定量研究。钟玉秀(2016)指出水权制度建设和水权交易实践中存在着水资源国有的公权和水权的私权问题、权益的稳定性和水量的变化性矛盾、水权交易规则、农业用水权转让收益分享和农户权益保护、水权转让生态环境等关键性问题。

随着流域管理和跨流域工程建设,进入 20 世纪 90 年代学者对流域及跨流域水资源优化配置方面的研究有所增加。唐德善(1992)应用多目标规划的思想,建立了黄河流域水资源多目标分析模型,提出了大系统多目标规划的求解方法。邵东国(1994)针对南水北调东线这一多目标、多用途、多用户、多供水优先次序、串并混联的大型跨流域调水工程的水量优化调配,以系统弃水量最小为目标,建立了自优化模拟决策模型,采用动态规划法进行求解。吴泽宁等(1997)以跨流域水资源系统的供水量最大为目标,将模拟技术和数学规划方法相结合,建立了具有自优化功能的流域水资源系统模拟规划模型,并以大通河和湟水流域为例对模型进行验证,提出了跨流域调水工程的规模。解建仓等(1998)针对跨流域水库群补偿调节问题,建立了多目标模型,并分析了求解方法和实用上的简化,通过大系统递阶协调方法和决策者交互方式的补充,来实现综合的决策支持(DSS)算法。陈晓宏等(2000)以大系统分解协调理论作为技术支持,运用逐步宽容约束法及递阶分析法,建立东江流域水资源优化调配的实用模型和方法,并对该流域特枯年水资源量进行优化配置和供需平衡分析。徐良辉(2001)利用节点和连线的不同组合描述了不同的水资源系用标准的网络程序进行求解,丰富了水资源优化配置的研究手段。王浩、秦大庸等(2002)系统地阐述了在市场经济条件下,水资源总体规划体系应建立以流域系统为对象、以流域水循环为科学基础、以合理配置为中心的系统观,以多层次、多目标、群决策方法作为流域水资源规划的方法论。王浩、秦大庸等(2003)在黄淮海流域水资源合理配置研究中首次提出水资源“三次平衡”的配置思想,系统地阐述了基于流域水资源可持续利用的系统配置方法,其核心内容是在国民经济用水过程和流域水资源循环转化过程两个层面上分析水量亏缺问题,并在统一的用水竞争模式基础上研究水资源配置问题。王慧敏等(2004)将供应链理论与方法、技术思想、信息、契约设计引入到南水北调东线水资源配置与调度中,分析了南水北调东线水资源配置与调度供应链的概念模型和运作模式。曾国熙等(2006)以可持续发展理论、水资源二元承载力理论为配置评价的理论基础,针对黑河流域实际特点,建立了流域水资源配置评价指标体系,所构建的评价指标体系包括了分区指标与全局指标两个层次,涵盖了六大类的多维评价指标。陈志松等(2008)通过将演化博弈理论运用到流域水资源配置中,分别通过对水资源生产商之间以及水资源生产商和政府水资源监管部门的复制动态及其进化稳定策略进行分析,求出了各自的复制动态方程以及进化稳定策略。刘丙军等(2009)通过构建了一种基于协同学原理的流域水资源配置模型,一定程度上有效解决了水资源合理配置系统中多目标、多维数求解问题,并将此理论运用于我国南方丰水地区——东江流域水资源合理配置。陈文艳等(2009)针对流域水资源配置涉及水资源、社会经济及生态环境等诸多影响因素,选用生活、工业、农业与生态四个配水量作为评价指标,提出了基于模糊识别的水资源配置评价方法,并以海河流域为例进行水资源配置方案评价。孙建光(2014)研究塔里木河流域可转让农用水权中的资源水价包含绝对水租、级差水租、水资源稀缺价值、水资源选择价值和超定额用水的水资源价值五部分。潘海英(2018)从经济责任、社会责任两个维度建构水权市场建设中政府责任的分析框架,并提出了中国特色水权市场建设中政府责任实现的六大机制。

通过对国内主要文献研究不难发现,对水资源配置研究由单目标向多目标,由水量向水质水量等方面拓展,同国外研究趋势是一致的。研究方法借助于其他领域最新技术和方法加以应用,研究主体大部分基于政府视角。总体表现为注重方法研究,并将此方法进行应用研究。通过对国内外文献研究,不难看出水资源具体配置手段,如计划、市场,研究较为全面和深入，尤其是引入了其他领域计算、模拟等新方法、新技术。但研究视角较为单一，还没有文献对不同配置手段和不同视角进行综合研究。本研究在这方面进行探索尝试，以形成多元视角下不同配置手段节水理论分析框架。

1.3 关键问题

本研究基于多元视角下不同配置手段的节水研究，问题焦点是如何把握政府、供水户和用水户之间多元关系，以及不同配置手段的内容把握。归纳起来主要有以下几点：

（1）政府、供水户和用水户三者考虑节水问题切入点的界定，以及三者视角如何统一到政府框架下。

（2）计划、市场和用水户协会多元配置作用范围、边界的界定和把握，如何做到互相补充和替代。

（3）多元视角下不同配置手段理论框架如何在农业节水过程进行定性和定量分析。

1.4 创新点

本研究的创新在于构建了多元视角下不同配置手段理论框架来全面分析节水，在思路上对以前基于单一视角和单一配置手段节水研究进行了创新，并引入供水户这个中间商作为管水新主体，对目前“供水公司＋农户”的管水方式进行更广程度的拓展，并对用水户协会作为水资源配置新手段进行了深入研究。总结起来主要有以下几个创新点：

（1）在前人研究基础上，构建多元视角下不同配置手段的节水作用范围和作用机理以及如何优化的理论框架，是对以前单一视角和单一配置手段研究的创新,并把多元视角统一到政府框架下。

(2)在前人研究启发下,引入专业化分工产物——供水户这个中间商作为管水新主体,并对用水户协会这个实体作为配置新手段进行了深入研究。

(3)将多元视角下不同配置节水研究理论框架应用到农业水量节约和水资源水质管理中。

1.5 研究方法

在研究中运用不同方法进行分析和论述,以求从多方面、多角度来分析这一命题,从而更好地解决好多元视角下不同配置手段节水问题。本研究主要有以下几种基本研究方法:

(1)比较研究的方法。对于同类型的事物,通过比较反映出事物各自不同的特点,从其异同寻求规律。例如,对政府、供水户和用水户多元视角的比较以及计划、市场和用水户协会多种配置手段优势和不足的比较。

(2)定量分析和定性分析相结合的方法。综合运用微观经济学、管理组织学、制度经济学等多学科相关理论。例如,对多元视角下不同配置手段节水理论框架进行定性分析,多元视角下不同配置的农业水量节约问题进行定量分析。

(3)规范分析与实证分析相结合的方法。通过实证对客观现象、经济行为及其发展趋势进行客观分析,得出一些规律性结论。例如,对多元视角下不同配置的农业节水进行实证研究分析,对多元视角下不同配置手段节水研究如何优化和构建进行规范分析,从而对水资源水质管理进行规范和实证相结合分析。

1.6　框架体系

本研究通过对研究对象界定，多元视角（政府、供水户和用水户），不同配置手段（计划、市场和用水户协会），节水研究（水资源水量节约和水质提高与稳定），形成了本研究理论框架第一基础，即政府视角下不同配置手段节水研究，供水户视角下不同配置手段节水研究，用水户视角下不同配置手段节水研究。在这三者视角中综合不同配置手段和水资源水量与水质。这就形成了本研究第二、三、四章。本研究理论框架第二基础对这三者视角进行分析，得出其都离不开政府，并将其统一到政府框架下，形成了基于政府框架下多元视角不同配置手段的节水研究。这就形成了本研究第五章。然后对其理论框架进行了应用研究，从水资源水量节约和水资源水质管理两个方面进行节水研究。这就形成了本研究第六、七章。最后对本研究主要结论进行总结，对研究不足进行分析，并对下一步研究进行展望。

1.7　理论基础

本研究的理论基础主要立足于制度经济学、外部经济、信息经济学、博弈论等。在制度经济学中，尤其以产权经济理论为主。产权经济学起源于19世纪末20世纪初，在20世纪50年代，形成了以加尔布雷思为代表和以科斯为代表的不同体系的产权经济学理论。加尔布雷思是旧制度经济学的代表，主要从总体上，即从一个整体的性质、演化的过程及其对经济体系的影响几个方面来把握制度变量。科斯是新制度经济学的代表，在制度分析中引入边际分析法，建立起边际交易成本概念，其科斯定理是现代西方产权经济学关于产权安排和资源配置关系理论最集中的体现,科斯定理的贡献在于对产权分配、交易费用和资源配置效率之间内在联系,对后来诺斯等人的经济史研究、张五常等人的契约探讨、威廉姆森等人关于组织的理解等都产生了重要影响。其张五常对交易费用理论进行了拓展,并定义交易成本为一系列制度成本,其中包括信息成本、谈判成本、起草和实施合约的成本、界定和实施产权的成本、监督管理的成本和改变制度安排的成本。以诺斯和舒尔茨为代表的制度变迁理论是制度经济学的最新发展。其引入制度分析方法、历史分析方法和成本收益分析方法,得出的主要结论包括:一种制度下的预期收益与预期成本的关系决定了制度创新;有效力的产权结构是经济活力的源泉;国家决定产权结构,因而国家最终要对造成经济的增长、衰退或停滞的产权结构的效率负责。本研究中市场配置的水权交易市场和排污权交易市场建立,计划、市场和用水户协会配置制度安排等,都运用到产权理论和交易费用理论的相关知识。

外部经济是在19世纪末由新古典经济学家马歇尔最早提出这一概念。马歇尔认为外部经济包括三种类型:市场规模扩大提高中间投入品的规模效益;劳动力市场供应;信息交换和技术扩散。美国著名经济学家萨缪尔森和诺德豪斯认为"外部经济效果是一个经济主体的行为对另一个经济主体的福利所产生的效果,而这种效果并没有以货币或市场交易成本反映出来"。环境经济学中的外部性概念是由庇古于1920年在其著作《福利经济学》中提出来的,强调的是某一经济主体对外部因素、环境的影响,这种影响通常无法为市场价格所反映。经济学家曼昆区分了负外部性和正外部性,当私人收益小于社会收益时,社会供给就会不足,此时存在正的外部性。外部经济也是从成本收益不对称性进行分析,根据外部经济是否可穷尽,运用市场和政府来解决。本研究中的供水户和用水户提供节水项目外部性,水权、排污权交易带来外部性等都运用到外部经济的相关知识。

信息经济学包括以马克卢普和波拉特为创始人的宏观信息经济学和以斯蒂格勒和阿罗为最早研究者的微观信息经济学。这里主要指微观信息经济学。微观信息经济学是研究在不确定、不对称信息条件下如何寻求一种契约和制度安排来规范当事者双方的经济行为,又称为不对称信息经济学或契约理论。微观信息经济学起始于 20 世纪 50 年代,代表人物主要有美国经济学家斯蒂格利茨和日本经济学家宫泽等。斯蒂格利茨在其 1961 年发表的《信息经济学》一文中对信息的价值及其对价格、工资和其他生产要素的影响进行了研究,认为获取信息要付出成本,不完备信息会导致资源的不合理配置。美国的维克里教授和英国的米尔利斯教授还在不对称信息的前提下,延伸出了委托—代理理论,并引入了激励相容等概念。此后微观信息经济学在经济各个领域得到了广泛应用,在水资源体制管理中也有所应用。本研究中探讨的政府计划配置组织如何运用委托代理理论进行优化问题,政府、供水户与用水户之间信息不对称问题,如何激励代理人问题等,都运用到信息经济学的相关知识。

博弈论是研究各个理性决策个体在其行为发生直接相互作用时的决策及均衡问题的理论,分为合作博弈和非合作博弈。这里主要应用到非合作博弈。在 1928 年冯·诺伊曼证明了博弈论的基本原理,标志着其正式诞生。其于 1944 年与摩根斯顿合著的《博弈论与经济行为》将博弈论应用到经济领域,奠定了这一学科的理论基础和体系。1951 年纳什证明了均衡点的存在,为博弈论的一般化奠定了坚实的基础。1965 年泽尔腾将动态分析引入到博弈论,提出子博弈精炼纳什均衡和逆向归纳的求解方法。1967年海萨尼将信息不完全性引入到博弈论，定义了不完全信息静态博弈的基本均衡概念“贝叶斯—纳什均衡”。1973年海萨尼还提出了“混合策略”的不完全信息解释和“严格纳什均衡”概念。1976，奥曼提出“共同知识”在博弈论中的重要性得到广泛重视。1988年海萨尼和泽尔腾提出了在非合作和合作博弈中均衡选择的一般理论和标准。1991年弗得伯格和泰勒定义了不完全信息动态博弈的基本均衡概念——“精炼贝叶斯—纳什均衡”。博弈论逐渐走向成熟，并在各个领域得到了应用，尤其是经济领域。在水资源管理配置中也得到了应用，这前面的文献综述中已做了介绍。本研究中的政府、供水户和用水户三者之间的博弈，用水户之间减排、节水投入，用水户协会建立等，都运用到博弈论的相关知识。

1.8 技术路线图

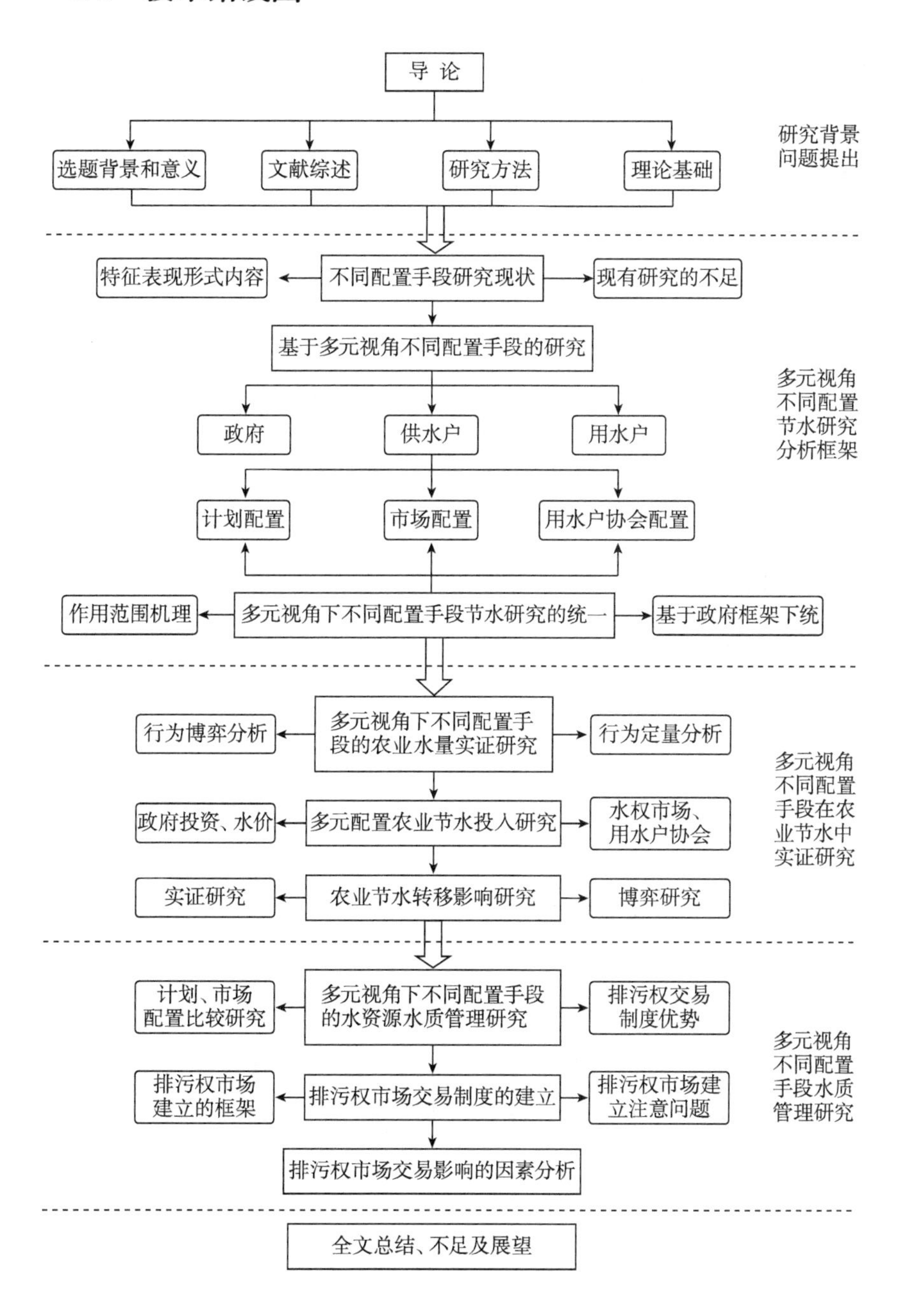
导 论
选题背景和意义
文献综述
研究方法
理论基础
研究背景
问题提出
特征表现形式内容
不同配置手段研究现状
现有研究的不足
基于多元视角不同配置手段的研究
政府
供水户
用水户
计划配置
市场配置
用水户协会配置
多元视角
不同配置
节水研究
分析框架
作用范围机理
多元视角下不同配置手段节水研究的统一
基于政府框架下统
行为博弈分析
多元视角下不同配置手段的农业水量实证研究
行为定量分析
政府投资、水价
多元配置农业节水投入研究
水权市场、
用水户协会
实证研究
农业节水转移影响研究
博弈研究
多元视角
不同配置
手段在农
业节水中
实证研究
计划、市场
配置比较研究
多元视角下不同配置手段的水资源水质管理研究
排污权交易
制度优势
排污权市场
建立的框架
排污权市场交易制度的建立
排污权市场建立注意问题
排污权市场交易影响的因素分析
多元视角
不同配置
手段水质
管理研究
全文总结、不足及展望

第二章　政府视角下不同配置手段的节水研究

本章节站在政府角度来研究计划、市场和用水户协会三种不同配置手段节水问题，节水内涵是基于水资源合理配置，包括了水量节约和水质提高两方面。计划配置在前人研究基础上针对其管理体制创新并运用委托代理思想进行重点研究，市场配置针对政府建立水权和排污权市场的比较优势和应注意问题进行重点研究，并对用水户协会作为一种配置手段如何与计划、市场进行协调进行研究。目的是得出政府视角下不同配置手段的作用范围、比较优势和应注意的问题。

2.1　政府视角下计划配置的节水研究

2.1.1　计划配置的现状和不足

计划配置是指计划机制占主体地位的资源配置方式，是通过计划机制发挥作用来实现资源配置的。水资源计划配置是政府利用行政等级并通过行政权威实行预定计划的科层管理，具有科层管理的一般特性和政府区别于企业的行政管理特点。由于历史形成、路径依赖、政府偏好和水资源公共性等原因，计划配置一直是水资源配置的主要方式，当前我国政府计划配置主要集中在行政区域管理和流域管理。我国现行的新《水法》规定:我国水资源的行政区域管理由三级构成:即国家级、省级和县级,这三个不同的管理层次分别承担着我国水资源宏观管理、中观管理和微观管理。以流域为基础水资源管理,集中在整个流域的供需平衡、水环境和水生态保护、水利设施布局及其成本,并核发取水许可证和制定污水排放标准。新《水法》精神要确立流域管理应与区域管理相结合,两者并重。流域管理主要是整个流域统一管理,行政区域管理主要是分地区分部门管理。从新《水法》的规定和体现立法精神看,流域管理机构侧重于宏观管理、省际协调管理、多目标全局性管理、监督管理,流域管理机构应重点抓好流域内带全局性、涉及省际间以及地方难以办到的事,并为流域内的行政区域实现水资源统一管理创造条件。行政区域管理侧重于本区域具体管理、本区域用水户利益协调管理、具体监督管理。区域管理与用水户的利益、经济社会的发展联系更直接、更密切,同时行政区域管理要为实现全流域水资源统一管理奠定基础、提供保障。这里的问题是流域管理和行政区域管理如何结合,如何并重,如何协调。在理论和实践中计划配置的流域管理和区域管理出现了不少问题。

第一,流域取水管理没有统一,地方各级水行政主管部门具有取水许可管理权限,除由流域管理机构负责的取水外,其他的取水由县级以上地方水行政主管部门负责,具体分级权限由省、自治区、直辖市人民政府规定。这样的取水管理体制必然带来各级地方政府从自身考虑,陷入"囚徒困境"。区域理性与流域理性冲突带来的博弈结果就是各地区多取水。这种现状和体制安排不会带来用水总量减少,各地区间必然出现用水不平衡。这就要求流域管理机构要形成水资源统一管理,规范和协调各区域取水行为。在流域机构协调下加强行政区域合作博弈和建立互助机制。第二，区域管理与流域管理的博弈会产生对本区域有利按照流域管理要求办，对本区域不利就不按流域管理要求办。区域经济发展与水资源统一管理矛盾，必然遏制地方政府发展冲动。所以在地方经济发展前提下，水资源需求相对于水资源不足情况下显得日益紧张。要改变现状首先改变过快追求地方经济增长的前提假设，不单纯以经济考核为目标，还包括如何量化经济发展跟节能减耗的关系，把水资源消耗量和水质质量同 GDP 的产出量联系起来，把节水指标作为地方政府的考核指标。第三，在流域管理和区域管理实际中很难确立流域管理机构领导地位。目前我国流域机构在实践中还是科研事业机构，而且流域机构长期内部政事企不分，行政地位不明确，缺乏生机与活力。流域规划与现实众多机构、行政部门割裂，在执行层面减弱水资源计划配置效果。《水法》对水资源的配置和经营权没有明确规定，可操作性不强。同地方政府行政机构相比，在计划配置的行政等级中流域机构管理效果和执行力在实践层面往往比理论层面更弱。同时，管理实践中水资源管理监督在立法和实践层面存在不足。从而，地方行政区域管理自利行为得不到修正。如何赋权流域管理机构转变为管理性实体机构，真正做到流域管理与行政区域管理的上下级关系，与计划配置中行政等级地位相匹配。第四，流域管理和行政区域管理都涉及监督管理与具体管理，这里的问题是政府的监督管理和具体管理如何分离，新《水法》没有给出具体操作，地方政府角色的多元化与流域机构专业化如何保证其监督独立性和权威性。同时还要防止政府在监督管理中利用自身优势在具体管理挤占市场配置和用水户协会配置范围的行为，而对自身具体管理越位行为监督又不足，导致其行为无法修正，从而使得市场配置和用水户协会配置被扭曲。第五，政府行政管理其中水平方向涉及水利、建设、环保、国土等多个部门，多头治水的结果是把水资源从水量、水质、水利用等方面分割开，有利于各部门利益就会多管，不利于各部门利益就会少管，以至于不管。这其中涉及两层关系：部门切割式管理与政出多门以及水利主管部门垂直机构与地方政府的结合协调。做好水行政主管部门与水资源开发利用部门的协调，对多头进行最大整合，形成水务一体化管理。做好水利主管部门垂直机构与地方政府的结合协调，注重在加强流域宏观调控的基础上，做好与行政区域管理协调。第六，现有职能存在分割、交叉和重复现象，如水量和水质。流域管理涉及的内容不全面，没有完全涉及水资源的全面管理内容。同时，各项法规规定的管理体制存在较大差别。如《水法》中的水资源保护强调，应按照流域管理与区域管理相结合的体制，而《水污染防治法》中规定了水资源保护以区域管理为主的体制，这也说明现有职能定位不清，计划配置的行政管理主体之间缺乏有机的衔接。

2.1.2 政府视角下计划配置的内容与比较优势

前一节对计划配置现状进行了简单的论述，得出由于水资源的公共性和稀缺性，以及其流动性、外部性、不稳定性等特殊性，政府需要进行计划配置以满足其特殊公共产品要求。

本节将从政府视角具体分析计划配置的内容与比较优势，从而证明政府进行计划配置的必要性。政府视角下计划配置的内容包括：第一，政府计划配置完成对水资源总体规划，水质相关标准制定，水量制度的分配等基础性工作。政府必须站在社会、经济、生态可持续发展的宏观视角来制定水资源总体规划，总体规划思路应从各主体微观需求和水资源承载力两方面进行协调规划。而这是市场配置逐利性和用水户协会配置微观性难以做到的;政府在水质要求上必须制定相关标准,水资源排放必须达到水质标准要求。对违反规定用水行为必须建立相应惩罚制度,使得水质与水量做到统一,水质能够保持稳定;水量分配是政府计划配置关键性的工作,这涉及全国水资源南北、东西调量分配问题,同一流域不同区域间政府分配问题,以及在产业间和城乡间分配问题。这种协调单靠市场配置交易是难以做到的,需要政府计划配置行政权威性进行协调,平衡代表各级主体间的利益,做好水量制度初始分配。例如,在流域管理中,水资源的特点是东部区域是下游,西部区域是上游。而在经济上,东部区域经济较西部区域发达,可通过提高西部水资源利用效率,建立东部补偿西部,加大对西部节水投入,从而使得更需要水资源的下游地区获得相应的取水量。政府视角下计划配置还应包括对地下水配置进行规划,制定地下水开采标准和开采总量,规范开采对象行为。第二,水资源水质水量的立法、制度建设。根据前一节不难看出,当前我国水资源相关法律制度还存在着立法供给不足、职能不清、部分重复等问题。同时现行的法律制度对水质水量具体管理操作性不强,与水资源相关法律的配套文件还不健全,还没有完全覆盖管什么、怎么管水资源的问题。跟立法制度相关的政府职能机构建立还没有完全配套。所以,政府计划配置应加强对立法制度和职能机构的配套建设,增强立法的完善性、可操作性,以便政府在水资源水量水质管理中有法可依、有据可循。第三,政府完成计划配置职能机构设置。执行计划配置,需要相应政府职能机构。政府的职能机构状况在很大程度上决定了计划配置实践状况,这是政府进行计划配置自身建设的关键所在。政府需要从计划配置需要出发对相应机构做一调整,并以满足水资源合理配置为前提。以政府计划配置效率为要求,进行计划配置相关职能机构改革。第四,大中型水利设施需要政府计划配置投资才能完成。一方面政府计划配置需要借助于大中型水利设施才能完成,另一方面大中型水利设施需要政府投资才能建立起来。所以,政府计划配置过程也是对水利项目投资过程,而这些具有公益性或者公益性和经济性交织在一起的大中型水利设施难以通过市场配置和用水户协会配置得以完成的,必须通过政府计划配置。因此要求政府对大中型水利设施投资要有合理规划,做到社会、生态、经济协调可持续发展。第五,建立水资源管理的信息系统。流域水资源是一个结构复杂、因素众多、作用方式错综复杂的系统,流域水资源管理中蕴含着巨大的信息流,如果没有流域信息系统,政府的计划配置做不到科学、有效配置。因此,流域多因素性、多目标性、复杂性必然要求政府建立水资源的信息支持系统,才能做出及时、正确的计划配置。

政府视角下的计划配置具有比较优势:第一,政府计划配置确立水资源配置初始格局,为其他配置运行打好基础。多元配置作用不是取代关系,而是互相完善。任何一个配置都解决不了水资源合理利用问题。而政府计划配置为市场配置和用水户协会配置奠定了基础。第二,计划配置便于政府掌握各流域水资源水质水量相关状况,并能及时做出反应。这是市场配置和用水户协会配置不能完全做到的,水资源的特殊公共产品要求政府及时了解水资源的水质水量状况,以便做出及时有效的决策。第三,政府视角下的计划配置具有协调性、渠道性、监督性比较优势。只有政府权威性能对水资源配置进行协调,而且这种协调在对象不多时具有比较优势,确保用水公平安全;政府计划配置的职能机构是水资源管理的重要渠道,完成着对上对下执行;计划配置中的政府监督职能是完善水资源多元配置的重要举措。

2.1.3 政府视角下计划配置的委托代理问题

政府视角下的计划配置无论是行政区域管理还是流域管理,核心都是计划配置的运作机制如何设置及优化。政府计划配置管理中都涉及委托代理关系,这就形成了本节所要分析的计划配置的委托代理问题。其委托代理关系的垂直方向:中央同水利主管部门,水利主管部门同流域机构;其水平方向:地方政府同水利主管部门,地方水利主管部门、流域管理部门同各级地方政府。纵的关系为中央政府和地方政府实行两级领导管理,地方政府对区域内的水务活动具有实质性的决定权,但同时接受国家各部委的业务指导,显然各级部委之间目标不完全一致,以及信息不对称,导致了各级部委同地方政府之间的以及地方政府、水利主管部门各级之间的委托代理问题;横的关系为水利主管部门负责全国水资源统一管理工作,同时委托其他部门协调负责相关水资源管理工作,显然"多龙管水"之间目标行动差异,以及信息不对称,导致了各级部委之间的委托代理问题。除此纵横交错关系外,还涉及其他主管部门的涉水业务同中央的委托代理关系。而中央的最终委托人是各类用水户,各类用水户委托中央政府部门计划配置好水资源。具体委托代理关系如图 2-1 所示。

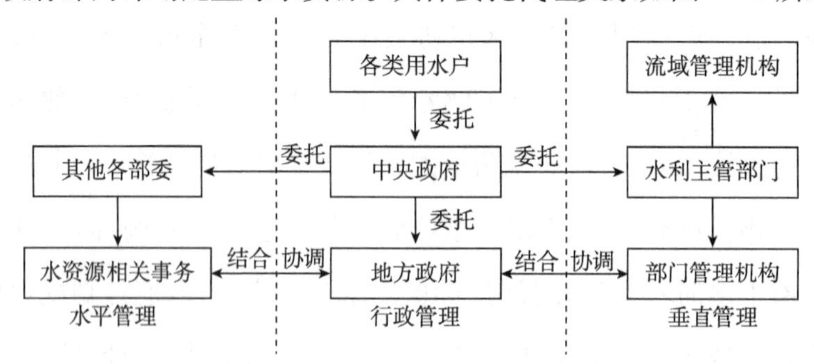

图 2-1 政府间多层多级委托代理关系

不同级政府间目标与职责的差异，缺乏对政策执行者的有效监督，以及委托人缺位使得政府在计划配置过程中出现委托代理问题。委托代理问题由于信息不对称，导致了代理人没按照委托人意愿做事，即委托人和代理人目标行动不一致，从而导致代理人采取了不利于委托人行为。政府水资源计划配置，由于水资源越来越紧张和水资源污水处理成本较高，拥有水资源分配权和排污权的各级行政主管成为寻租对象，从而出现劣币驱逐良币现象，水资源配置效率不高。真正需水、用水效率高的用水户得不到满足，水质状况会越来越差。政府水资源计划配置中，委托人评价代理人在信号传导中存在两类指标，一种是显性指标，一种是隐形指标。由于显性指标 $Xi(i=1,2,\cdots,n1)$ 易于观察，对委托人来说成本较低；隐形指标 $Yj(j=1,2,\cdots,n2)$ 难以观察，难以监督，成本很高。从而在成本上隐形指标监督成本过大，即 $f(Xi,Yj)\geqslant f(Yj)\gg f(Xi)$，正是由于显性指标对委托人巨大的成本优势，导致代理人过多采取显性指标的行动，弱化了隐形指标。从而使得水资源计划配置代理人偏离了原来委托人的目标。政府水资源计划配置中，由于委托人难以监督代理人行为，代理人存在着道德风险问题。道德风险是指各自管理者利用信息的不对称，通过减少自己的资源投入或采取不诚实的利己主义行为，来达到自身效用最大化的目的，从而影响组织效率。水资源代理人的道德风险主要包括代理人的偷懒不作为行为、自利行为、“伪真”行为。“伪真”行为就是作为代理人的各级政府，在采取了不利于委托人的行为后，又采取了掩盖其真实行为的后果，把后果部分伪真或过多强调由于水资源不确定因素导致了委托人没有及时采取弥补偏离目标的措施，从而使得代理人行为得不到修正，最终使得问题后果大于委托人所能观察到的。

政府水资源计划配置存在着多层多级委托代理问题，如图 2－1 所示。垂直方向的委托代理问题，是水资源管理主体上是国家与水利主管部门之间层与层委托关系，各层之间目标行动不完全一致，层次越往下目标行动越多越具体，中央目标配置用好水资源，保护好水质，做到有效节水。流域机构目标除此之外，还有来自于其他方面的利益，由于寻租、显性指标大于隐形指标、自利行为、伪真行为。同时信息也不完全对称，上级委托人无法完全监督下级行为过程，只能观察到结果。流域机构计划执行就会偏离中央以及水利主管部门的委托。水平方向的委托代理问题，是地方政府与流域机构互为委托代理，一方面流域机构委托地方政府管理好本区域水资源，另一方面地方政府委托流域机构及其水利主管部门协调好区域间分配和用水户取水问题。这里也存在着双方的寻租问题，显性指标大于隐形指标，道德风险问题。从图 2－1 中不难看出，代表区域管理和流域管理都受制于地方政府和水利主管部门，这两者没有很好界定。同时水利主管部门在监督管理和具体管理中相重合，以及难于监督地方政府行为。也就达不到新《水法》所真正要求的区域管理与流域管理相结合，监督管理与具体管理相分离。水利部门主体各级委托，使得代理监督成本大，管理交叉重合，管理效率不高。

综上所说，不难看出政府视角下计划配置对管理者和用水户做不到真正激励，由于信息不对称、传导机制不畅，产生的委托代理问题使得真实的用水需求得不到反映和节水效率得不到提高。要解决此问题就是激励各级代理人，以针对出现寻租问题，显性行为大于隐形行为，道德风险问题。首先来自于政府内部激励，通过对代理人资产审计、不确定监督、考核指标细化，惩罚机制，信息支持系统等综合的激励方案；

其次建立水权市场,利用市场机制解决代理人问题,这是本章第二部分所需要讨论的问题,即政府视角下市场配置对节水的作用;最后建立用水户利益诉求渠道,监督代理人行为,这是本章第三部分所需要讨论的问题,即政府视角下用水户协会配置对节水的作用。

2.1.4　政府视角下计划配置中委托代理的优化

根据前面分析,在计划配置水资源管理中,存在多级多层委托代理关系。多级委托代理问题,就是解决“多龙”治水问题,以及流域机构管理与行政区域管理地方政府权力界定。水资源同其他资源有着本质区别,就是它的强外部性、系统性和流域性。这决定了水资源管理模式也有别于其他资源管理路径。这就需要政府部门打破其固有的路径依赖,以中央政府进行大部制改革为契机,将其他部门涉水业务进行分类,一类跟本部门其他业务相关联,另一类则为相对独立的涉水业务。相对独立的涉水业务都归到水利主管部门,尽量使得水利主管部门做到地表水与地下水,水量与水质,城市与农村,各行业用水相统一。需要各部门综合管理涉水业务,则统一设立协调机构,做到统一指挥,涉及水资源管理规划的则由水利主管部门牵头各部委相关部门和地方政府相关部门。解决好委托代理多级分叉问题,确立水利主管部门统一管理。流域管理与行政区域管理界定,我国水资源管理体制存在问题的核心就是流域管理与行政区域管理两者的法律地位不明。新《水法》仅仅从原则上规定了流域与区域相结合的管理体制,却没有从根源上解决流域管理与行政区域管理出现冲突时的具体操作问题。首先应确立流域统一管理思路,行政区域管理服从于流域管理。其次明确流域管理的重点应是协调、监督和控制,而行政区域管理的重点应是具体管理和组织实施。流域管理对区域管理具有引导、推动和制约的作用，而区域管理对流域管理有配合、补充和延伸的作用。因此，建立由国家流域机构牵头、区域水行政主管部门、省流域机构参加，联合成立水资源流域管理委员会。搞好流域与区域的结合，关键在于提高区域对流域水资源管理重大事宜决策的参与度，充分体现民主协商。解决由于行政区域与流域机构信息传导机制不畅，互为委托代理产生的问题。

各部门的水资源相关管理统一到水利主管部门，通过建立流域管理委员会，将行政区域管理统一于流域机构管理，现在问题的核心就是要解决水资源计划配置中的委托代理多层问题。具体如图 2 -2 所示，在这三层委托代理中，首先各类用水户本身利益不一致，如流域上游、中游和下游，同区域不同行业等各类用水户，必须对最初委托人用水户利益归类分层；其次，由于最终代理人管理着最初委托人用水户，最终代理人部门管理机构，根据最初委托人用水户利益归类分层来进行机构重新优化，满足用水户归类分层需要。而上级委托人流域管理机构协调好各部门管理机构，并进行机构优化以适应部门管理机构优化带来的变化。同时委托人用水户利益归类分层，由最初代理人中央政府根据用水户归类分层需求来优化水利主管部门机构，进而水利主管部门机构优化其内部部门管理机构。也就是在政府组织优化上，从最初委托人需求归类分层，来自下而上从部门管理机构到水利主管部门、自上而下从水利主管部门到部门管理机构优化各级代理人，以至于最大程度优化政府组织机构来满足水资源计划配置。

这三层委托代理关系都面临着委托代理问题，即如何激励代理人，提高管理效率。水利主管部门优化思路，以最初委托人为切入点。在各层自下而上、自上而下委托代理中，通过最初委托人各类用水户归类分

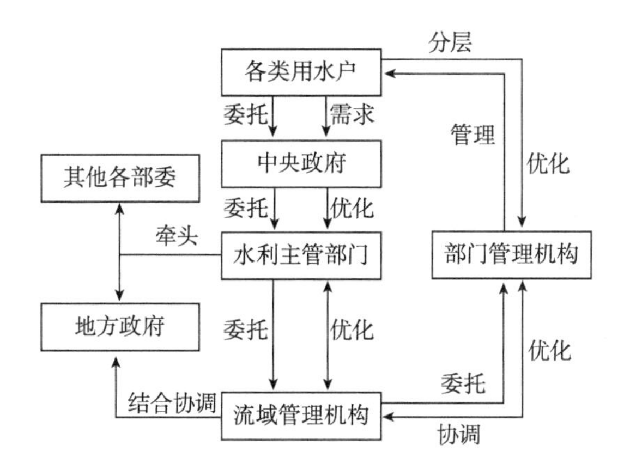

图 2－2 调整后的政府多层委托代理关系

层反过来优化部门管理机构，部门管理机构变化促使流域管理机构优化；受用水户需求委托中央作为最初代理人优化水利主管部门，水利主管部门优化流域管理机构。通过双向优化，进行信息和流程双向流通来减少委托代理成本和职能机构管理效率低下问题。监督机制上，由过去纵向监督改为双向监督，建立最初委托人监督平台，激励代理人。在具体操作上，重点流域和地方大型区域水资源问题，完全交由水资源主管部门配置。建立以流域为基础的多方参与水资源统一管理。政府主导，多方面参与，成立流域水资源管理委员会规划好整个流域供需、环境、工程布局及其成本，核放取水许可证，提出污水治理要求。并建立好流域信息管理平台，以减少由于上下级信息不对称所带来的委托代理成本问题，对管理者采取结果与过程相结合考核机制，注重隐形指标随机考核，对相关行政部门的领导建立财产申报和审计制度，解决行政管理效率和管理者激励不足问题。在其他领域可引入水权市场、排污权市场、用水户参与等机制来解决代理人激励不足问题，政府主要是培育这些市场，并为其提供制度、技术、资金等方面的保障。

2.2 政府视角下市场配置的节水研究

2.2.1 计划失灵与市场效率

政府视角下水资源计划配置有其合理性的一面:水资源的公共性和外部性,需要计划科层等级制度去执行;水资源具有水量水质以外的,生态、防洪、航运等多目标多用途,需要计划进行合理配置;水资源紧张地区需要计划配置基本的用水需求,确保公平分配和对弱势群体进行保护;计划配置水资源确保了涉水渠道(如投资、管理、监督等)的完整性,对水资源危机管理具有响应快、执行力强等特点。但计划配置也有其失灵的地方:水资源计划配置与执行效果存在差距;计划配置需要庞大的行政科层等级体制,并具有强有力的监督机制,而现实层面很难满足其计划配置所需要的条件;水资源计划配置中各层各级间会产生委托代理问题;水资源计划配置难以协调好区域管理和流域管理分配、协调等问题,以及分配后区域水资源量盈余与不足转让问题。水资源计划配置对供水户和用水户节水原动力激励不足,没有把供水户和用水户当作节水主体来配置水资源;水资源计划配置在某些方面(如末端管理、水资源转让等)成本太大,导致其无法有效进行管理。水资源计划配置失灵还来自于虽也能保证水资源的正常配置,但同其他配置手段相比缺乏效率,如计划配置信息纵向传导效率低于市场配置横向传导效率。

最为关键的是,水资源计划配置假设前提不成立,计划配置的前提是获知供水户和用水户真实供水成本和用水户需水状况,但政府很难获知各类供水户和用水户真实供水成本和用水需求。供水户就会尽量夸大自己供水成本以获得更多政府补贴或者提高水价，用水户会夸大自己用水需求，甚至通过“寻租”，来获得更多的配水份额，从而获得更大的收益。如图2-3所示，假设用水户用水量为q，其收益是关于自变量q的函数$y_{计}=f(q)$。用水量q越多，其收益$f(q)$越大，但其边际收益是递减的，当用水量q超过了用水户最大需要量Q_{max}时，再增加用水量，收益就会下降，因为其边际收益已变为负值。在政府计划配置中，无法获知用水户真实用水需求，其用水量就会超过计划配置取水量最大限制T，一直到边际收益为0，用水户不会考虑水资源实际成本以及机会成本。水资源计划配置不能向供水户和用水户传递水资源稀缺性，从而供水户和用水户无法正确获得水资源供求状况，计划配置水资源在其成本和收益中没有得到完全体现，水资源稀缺价值发现功能没有得到体现。由此，节水行为无法成为供水户和用水户的自觉行为。

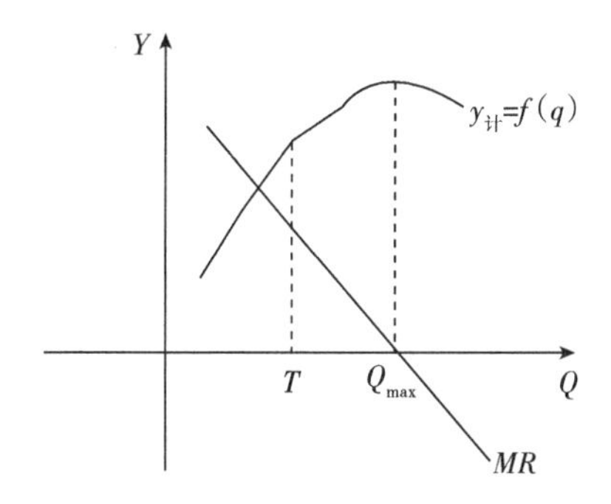

图2-3 计划配置时用水户自利行为

基于政府视角下市场配置正是基于计划配置不足，充分利用市场配置比较优势，发挥市场配置效率。市场配置主要有供求机制、价格机制和竞争机制。其中，供求机制作用决定了资源配置流向选择；价格机制运行决定了资源配置流量；竞争机制决定了资源利用率。在我国水资源配置过程中，基于政府视角的市场配置水资源不具有历史延续性，随着市场经济在各个领域建设中取得成效，以及政府计划配置水资源效率低下，不能适应新时期水资源管理要求等现实背景下逐步改革的。政府视角下水资源市场配置过程就是回答与实践为什么需要市场，市场有什么优势，市场在哪里可以替代计划等一系列过程。主要从计划配置没有发挥参与主体作用，每个参与者没有自主决策权利；决策主体越多计划配置成本越高，效率越低。市场配置的主要功能之一就是价格机制，供水户和用水户参与者根据水价，来决策供水和用水行为。假设水价为 p，用水户收益关于 q 的函数 $y_{市}=f(q)-pq$，虽然用水量 q 越大，$f(q)$ 的收益越大，但此时用水成本也会变大，所以用水户会合理用水，直到 $y_{市}$ 的最优化一阶条件为：

$$dy_{市}/dq=f'(q)-\mathrm{p}=0 \tag{2-1}$$

从表达式（2－1）中不难看出，若此时用水户收益最大时，其用水量边际收益不为0，此时的用水量 q 小于计划配置时用水户用水量。当然，由于水价的限制，$y_{市}$ 的最大收益小于 $y_{计}$，具体如图2－4所示。

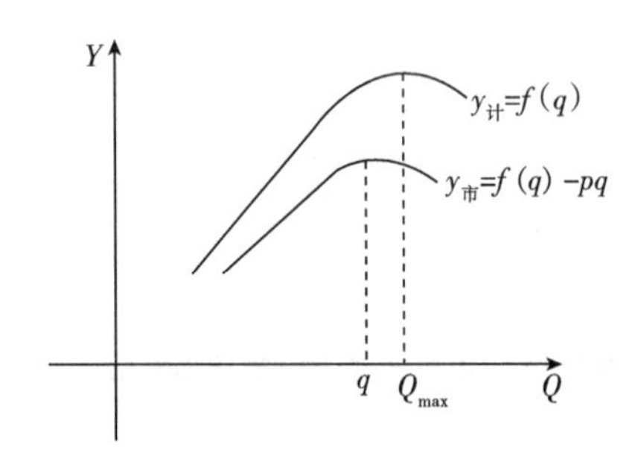

图2－4　市场配置与计划配置用水量比较

水资源市场配置，对水资源具有价值发现功能，对节约水量，保护水质起到基础性作用；市场配置引导用水户按照水资源供需优化生产要素组合，实现产需衔接；市场配置把参与者纳入到决策主体地位，从而激励供水户和用水户的节水行为；如何解决计划初次配置后用水量的盈余与不足，并有效激励供水户和用水户的节水潜力，则需建立水权转让市场，可以有效激励参与主体积极性，强化正激励供水户和用水户节水行为；如何解决计划配置水质监督和参与主体治污效率低下问题，则需建立排污权转让市场，排污权转让市场利用不同参与者分散自主决策，降低治污成本，提高治污效率。由于政府计划配置不能完全拥有各类用水户信息，导致水资源利用效率不高。在水权结构的低端决策实体数目很多，不同的决策实体又面临不同的信息结构，利用政府集中计划配置成本很高。市场相对于政府需要的信息比较少，价格信号可以反映不同决策者的评价。水资源利用效率可以得到帕累托改进，每个决策主体自主选择。水资源利用效率低的可以通过市场出售给水资源利用效率高的；下游地区可以通过市场与上游进行交换；水资源短缺地区可以通过市场与水资源丰富地区进行交换。水权市场的前提是基于水资源的稀缺性，如图 2－5 所示：水资源边际生产力 MVP 是递减的，没有水权市场没有水权限制，这时水资源消费量为 Q_1，即水资源边际生产力为 0 时；假设水权限制为 S，这时水资源消费量为 Q_2；再建立水权市场，其转让水价为 $P_{转}$，此时水资源消费量为 Q_3，转移一部分水量到评价更高的地方。在实践过程中，出现了张掖市的洪水河灌区水权交易市场，东阳与义乌跨地区水权交易市场。水排污权交易市场是基于水环境容量稀缺，通过确定各用水主体排污权，每个用水户根据自己决定是投资治污还是购买排污权。如图 2－6 所示：S 为给定的排污权量，D 为用水户排污权的需求曲线。如果用水户治污边际成本大于排污权转让价格 P_2，企业会选择购买，购买量取决于排污权转让价格和企业的治污边际成本。

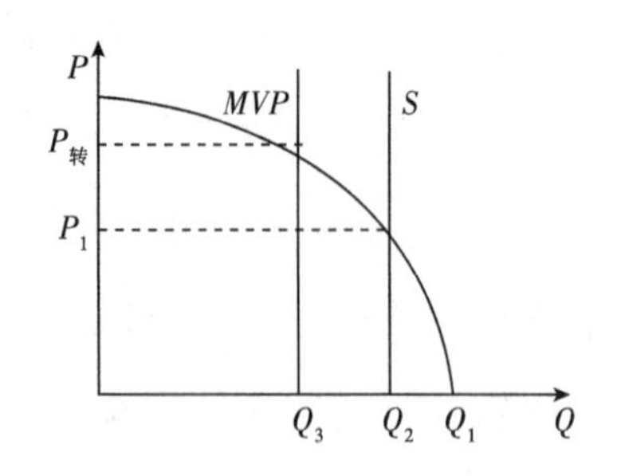

图2－5　水权交易后消耗水量变化

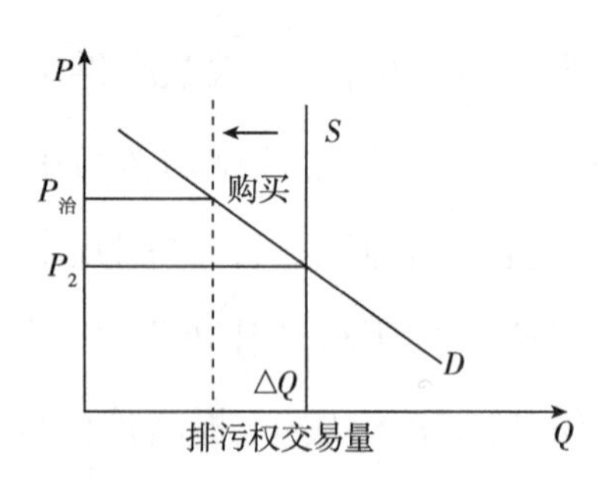

图2－6　用水户排污权量交易情况

2.2.2　政府视角下的水权市场

政府视角下的水资源市场配置，利用市场配置需要的信息少、价格机制、传导机制等发挥参与者自主决策优势，以解决计划配置失灵，以及效率低下问题。下面两小节将主要分析在政府视角下市场配置的两大市场——水权市场和排污权市场是如何建立和发挥作用的。

节约的水资源出路，即交易问题是很难通过政府计划安排达到效率最大的，也就是说，节约水资源在计划配置下没有可以出清的地方。也就是说，计划配置很难激励用水户的用水行为和解决初次分配之后的水资源盈余和不足的问题。基于市场配置主要体现在节水水权可交易性上，为参与主体节约水资源以及水资源不足和盈余找到出路，并从中收益。各级水权市场主体寻求效益最大化，不同用水户水资源的边际收益差异，以及转换水价大于原始水价（$P_{转} > P_{原}$），从长期的博弈考虑，各级市场主体也会有进行节水工程的内在偏好，来寻求利润最大化。由于水资源的流动性和复杂性，其产权呈现出科层结构，同时水资源的利用面临着多重决策，不同的决策主体由于面临不同的信息结构和社会偏好，因而要将某种特定的决策赋予成本收益比最佳的某些层面的实体。采取何种配置方式，只由交易成本收益比决定。水权结构越向上,决策主体的数目越少,利用行政方式分配水权的成本越小,在水权结构的中端决策实体数目相对较多,采用行政方式成本较高,因而引入市场机制动力就大,在水权结构的低端决策实体数目众多,采用行政方式和市场交易成本都比较高,因而成立各级用水户协会动力很大。根据以上的分析,可以将水权市场设置成三级具体如图 2 –7 所示。为激励各级水权市场用水主体,各级水权市场之间成立回购市场。

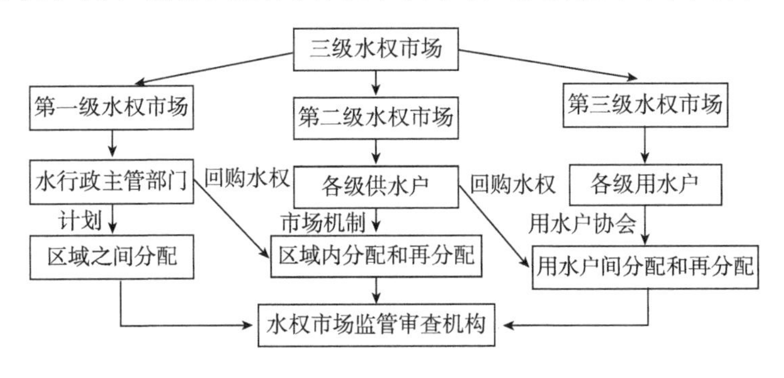

图 2 –7　三级水权市场

本研究提出水权市场是基于流域的,不涉及流域间水量调配。三级水权市场建立,首先是政府制定好交易规则,尽量减少交易成本,水权市场一方面需要政府参与到一级市场分配,还需要政府对二级市场进行协调,对三级市场进行监督。一级水权市场,主要是区域间靠行政分配水资源,主要根据各区域经济发展和历史用水量水平确定,每个区域核定用水量应保持稳定,稳定参与者预期,多余用水量(少取水量)通过政府补偿进行激励;二级水权市场,是区域内水资源分配,可以通过对政府现有管水机构整合等方式,成立各级供水户进行分配,一级水权市场为激励二级水权市场多节水,对二级市场多余节水量进行回购;三级水权市场,是各用水户之间分配,对于多余节水量完全通过市场机制,对市场交易弱势群体可以成立用水户协会。本研究提出的三级水权市场框架需要注意两点:一是框架之外需要政府事先制度建设,事中管理监督,事后交易评价。二是框架之内需要政府一级水权市场对二级水权市场的行政协调,和对二级水权市场进行回购;三级市场出现多余节水量时,二级水权市场进行回购,以激励第三级市场直接用水主体,从而形成三级水权市场良性循环。

水权市场要明确水权,减少外部性。水权稳定为水权主体提供了确定预期,有利于水权转让和节水。水权市场中存在着外部性,导致了私人交易成本和社会成本不一致。水权交易不光要看交易双方是否获益,还要看对第三方带来的外部收益与外部成本,以及对生态环境、对不可预测调出方带来的影响。政府需要对水权市场进行引导和规范,根据上面我们分析的三级层次,其介入程度是依次递减的。如图2-8所示,若社会成本增加带来交易量由 Q_1 减少到 Q_2,就需要政府在市场配置过程中做好对交易第三方、生态环境、调出方影响评价,尽量减少交易主体外部成本。

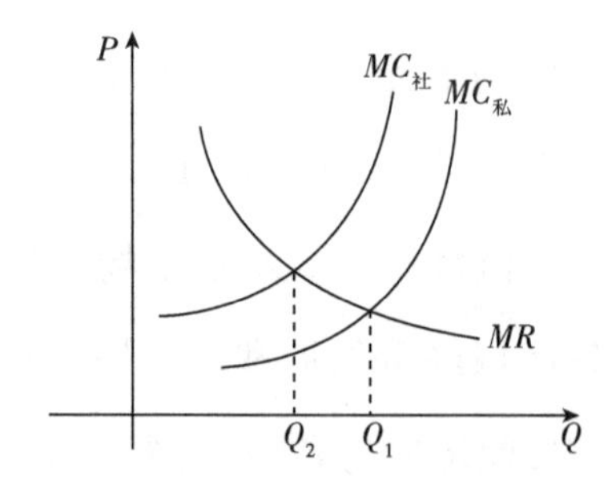

图2-8 水权交易量与私人成本和社会成本之间的关系

2.2.3 政府视角下的排污权市场

政府视角下的计划配置对水质的稳定性、水质的价值发现功能难以体现,导致了水质紧张程度难以在被动接受计划分配的用水户中得以体现,个人理性与集体理性发生冲突形成了“公有地悲剧”,加之政府监管成本很高,成效甚微。现实中海河五类水质、淮河水质恶化等现象都说明政府计划管理存在不足之处。太湖蓝藻事件触发人们重新思考水质保护多元配置问题,并且太湖流域无锡地区开展了排污权交易试点工作。下面我们就排污权市场建立这一思路,站在政府视角下进行分析。

政府是排污权一级市场参与主体,是二级排污权市场主要操作者,是三级排污权市场的监督者,政府规则制定和配套措施建立是排污权市场健康发展的前提,因此政府应制定好各个行业排污标准。排污权交易市场受制于水资源特性,由于我国各地区发展水平不一样,很难形成全国性统一市场,最大的一级市场在流域层面。在一级市场流域机构分配给各区域排污权量,这一层面主要根据各地区经济发展水平和历史水平来确定最初排污权量,其排污权量必须是动态的,并且每5年递减一次,以确保参与者形成减排预期。中央政府和地方政府为鼓励地区减排,回购地区间每年排污权盈余,可以在排污权量核定额减少时提高回购价格,可以是进行每年审定,并逐步上升。这项改革可以同国家征收环境资源税改革相结合,通过国家征收的环境资源税,来反向补贴和激励减排地区。二级市场各地区将分配的排污权量,对地区企业进行无偿分配或拍卖:对无偿分配标准确立应做好规范,防止企业寻租行为;对企业拍卖量政府应做好限定,防止市场投机以及操纵市场等行为对排污权交易市场造成垄断,各企业拍卖量不超过其最大排污量,防止大企业对中小企业构成垄断势力,可以专门成立对中小企业排污权拍卖。三级市场是企业间排污权交易,成立排污权交易中心,交易主体是排污企业,交易对象是排污权量,包括新企业从老企业购买排污指标,价格由市场买卖双方确定,大量交易必要时须经排污权交易中心审核。这样有实力的企业和专业排污企业就可以通过减排,获取排污权量,再出售给排污权量不足企业,从中获利。如三级市场整体出现排污权盈余时,二级市场各地区政府进行回购,这就是为什么二级市场会有排污权剩余,一级市场进行回购的原因,从而使得整个排污权市场形成良性循环。在三级排污权交易市场中,政府回购和出售的行为有利于稳定排污权市场发展,平衡新企业与老企业之间的关系。更重要的是,政府回购和出售行为稳定了水质状况,水质不好时,政府应加大回购排污权,减少所在区域水资源污染排放,从而促进社会、经济、生态协调可持续发展。(见图2-9)

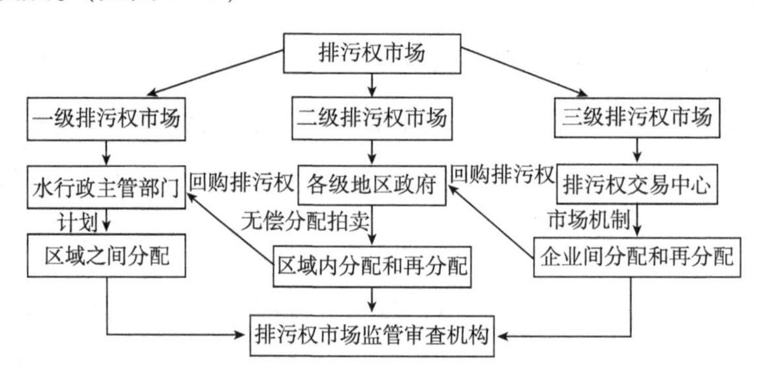

图2-9 三级排污权市场

2.2.4 政府视角下市场配置的比较优势

通过前面对政府视角下市场配置的水权市场和排污权交易市场的分析,不难看出市场配置同其他配置相比较在某些方面具有以下优势:第一,降低了政府计划配置的成本。由于政府计划配置在其配置中低端时,面临众多决策对象,政府与用水户信息不对称以及过多博弈,扭曲了真实用水需求,导致政府计划配置失灵,形成了配置的高成本和低效率。而市场配置则不需要用水户过多的信息,所需成本相对较少。当市场配置成本收益比大于计划配置成本收益比时,就应运用市场配置。不难看出市场配置完善和取代计划配置,其政府机构会相应减少和优化,部分机构职能也从重参与行政管理到重制度建设和监督,从而减少了政府相应的计划配置成本。第二,提高了政府计划配置效率。政府计划配置自身弊端,即计划配置高成本与计划配置失灵,必然要求市场配置对其完善和替代,以解决计划配置本身所不能解决的问题。一方面,市场配置使得政府计划配置发挥到其效率最佳地方,其效率低下地方交由其他配置;另一方面,市场配置丰富和完善了政府配置手段。第三,减轻了政府投资压力。政府市场配置,通过水权转让获取水资源,而不是通过计划投资增加水资源。一方面减轻了政府投资压力,另一方面缓解了水资源紧张的压力。通过水资源市场化价格改革,政府征收水资源费获取部分资金。同时,通过市场配置为政府拓展了融资渠道,缓解了政府资金压力。第四,节约了政府所需配置信息成本。政府计划配置需要政府对用水户真实需水状况、排污权状况十分清楚,而现实情况是政府与用水户之间存在严重的信息不对称。而市场配置中的价格传导机制,反映了水资源供求状况以及水质好坏情况。政府根据水资源转让价格和排污权价格进行配置,所需信息较少,不需要对用水户进行大量调研和论证,节约了政府的信息成本。这里需要注意的是,水权和排污权价格形成机制必须反映供求关系,政府不能过度干涉,只能作为交易方参与调节。第五,节约了水量,保护了水质。政府通过市场配置,利用价格激励,进行水资源转让和平衡,使得用水户可以将多余水量转移给水量不足的用水户,以解决水量不足的用水户对水资源的过度开发问题,总体上减少了用水总量。同时政府可以对水权市场进行修正,当水价过低时,政府可以购买水量多余用水户的水权,从而使得用水户节水投入行为不会因为没有需求和水权价格过低而受到抑制,以激励用水户节水行为。政府通过排污权交易市场,利用价格激励和不同用水户排污成本差异,进行排污权交易,排污权在不同用水户间转移,满足了用水户需求,稳定了水质。当排污权价格过低时,政府可以购买多余排污权量,稳定排污权价格,激励用水户保护水质的投入行为。第六,转变了政府职能,提高了水资源管理水平。政府由单纯的计划配置,转变成了计划配置和市场配置同时兼顾。中低端政府职能重心由单纯参与管理转变为制度提供者、监督者。利用市场配置有利于解决政府参与管理抑制其他参与者积极性问题,把被配置对象转变为参与配置对象,确立各级参与者主体地位。这样在没有增加政府投入的前提下,水资源管理水平得到了提高。

2.2.5 政府视角下市场配置需要注意的问题

基于政府视角下的水权市场和排污权交易市场,是利用市场配置解决计划配置效率低下与计划失灵,对政府在水资源管理中调动参与主体积极性,节约水量,保护水质起到明显作用。基于政府视角下的水资源市场配置,需要同计划配置互为完善,而不是谁完全替代谁,各自都有配置范围和优势。从前面的水权市场和排污权交易市场分析也能看出,其发挥作用离不开政府计划配置各项建设。政府视角下的水资源市场配置需要注意的问题:一是利用市场机制不足,也就是把市场与计划割裂开了,受制于路径依赖,导致市场改革动力不足,改革结果把市场看成是对计划不足的补充,即使成立市场也进行过度干预,市场价格机制、传导机制等功能没有得到应有的发挥,成了伪市场。二是政府完全或过度放开,完全市场机制配置,在追求效率的同时,没有考虑到市场配置带来的负面效应,影响到水资源的合理配置和可持续发展。政府监管不足,导致市场发展朝向市场消极面,从而没有达到预期的效果。

政府视角下的水资源市场配置,是运用市场机制进行配置。那么对于市场配置不足和失灵的地方,政府应该如何规范如何修正市场参与者预期,引导市场配置良性可持续发展呢?下面简单阐述市场配置需要注意四方面问题:第一,市场配置很难解决公平问题,因为市场配置的本质就是优胜劣汰,以用水户购买力为支付条件,相对于工业、服务业,农业用水整体购买力要低,相对于城市,农村用水购买力要低。而水资源属于公共品,如何防止在水权交易市场对弱势群体和弱势行业过多挤占,需要政府制度和专门保障机制对农业用水和农村用水进行最低限额保障。第二,市场配置受制于水资源交易价格。我们前面分析得知,用水户收益为 $Y=f(q)-pq$,pq 作为用水户约束项,水价过低会使市场配置作用趋向于0。如图2-4所示,水价过低会使用水户收益线向右移动,对水资源节约起不到作用。因此,政府需制定合理水价,提高水资源价格,尤其是农业水资源价格(农业水价提高会增加农民负担,政府可以通过交叉补贴来解决,这在下面我们会详细分析),建立反映市场供求状况和资源稀缺程度的价格形成机制,只有这样市场配置的价格机制才能发挥作用。第三,水权市场会导致水的交易从低效率到高效率转移,而交易水量性质导致了对低效率行业的损害,使得低效率行业发展受到水权交易市场的负面影响。政府对水资源交易量做好限定,对交易水的性质做好界定,交易水的主体必须是节约用水量,而不能单纯是效率低行业的水量转移到效率高行业。第四,市场配置受制于水资源特性、水资源交易渠道、水资源外部性带来的水质保证问题,对第三方影响界定与补偿,这些都增加了市场交易成本。一旦这些交易成本大于交易双方的收益差,市场配置效率就会丧失,水权和排污权市场就不会发挥作用。这就需要政府加强市场配置基础设施建设,减少市场交易的成本,使外部成本尽量内在化。

2.3 政府视角下用水户协会配置的节水研究

2.3.1 政府视角下用水户协会配置内容界定

一方面,微观和末端管理配置,由于参与者主体多,决策对象多,委托代理层级过多,计划配置成本大。尤其是占用水 2/3 以上的农业用水,农业用水户具有用水量分散、用水规模小等特点,在用水户生产函数未知情况下很难通过政府计划配置,达到合理利用。另一方面,流域管理参与者利益表达渠道很难通过计划配置得以体现,流域管理中没有确立用水户主体地位,使得计划配置效果没有预期好。同时政府视角下水资源市场配置,通过水权交易来提高用水户效率,但前提条件是交易成本低、交易双方地位平等,由于农业用水户节水量规模小,单个交易在交易成本影响下,获益很少,无法取得规模效益。而且交易双方往往不对等,存在着一方过于强大,一方过于弱小,工业、服务业用水效率高于农业,城市用水能力高于农村,单个农业用水户在交易中没有讨价还价的议价能力和合同风险防范能力,导致交易不可持续,使得弱势一方失去交易积极性,这样市场配置水权市场就会萎缩。但对弱势群体和弱势产业,一方面受制于资金、技术、管理、制度等原因其用水效率不高,另一方面其又是主要用水量对象,是节水主要方向。针对计划配置出现的微观、末端管理难,流域管理用水户利益表达渠道和市场配置出现的交易地位不对等,交易规模小在交易成本影响下出现了水权交易市场萎缩等问题,有必要建立类似于俱乐部制用水户组织。用水户参与水资源管理模式的充分条件正是基于对土地家庭承包经营后集体管水组织主体缺位、政府集中分配机制在末端的失灵、流域管理参与者利益表达渠道的缺失、市场机制交易成本过高、水权交易市场的消极影响。用水户参与管理的核心思想就是让用水户和用水户代表参与水资源的决策过程及各级管理工作,政府管理者与用水户分享信息,并处于平等的地位研究和讨论水资源中的重大问题。用水户参与管理的主要做法是将政府管理中的部分责任和权利从政府末端管理者手中转移到用水户自身上,以激发用水户的责任心和主动性,以使用水户和政府的需要得到更大程度的满足,达到提高政府水资源管理效率的目的。

俱乐部制用水户协会,就是协会组织结构非等级制,比较扁平化;成员之间信息交流是双向的,成员之间理念差异不大,沟通交流便利,受非制度文化影响比较大;协会领导应是在成员之间推选的,入会的会员对协会应有基本认同和了解,会员具有地域性、会员之间差异性不大,比较服从协会领导管理等特点。用水户协会成立的必要条件是外在推动力,即政府的引导和外在资金的推动,因为靠用水户自身推动很难做到,个人理性与集体理性冲突,使得用水户协会建设陷入"囚徒困境"。

针对以上充分条件内在满足:土地家庭承包经营后集体管水组织主体缺位、政府集中分配机制在末端的失灵、流域管理参与者利益表达渠道的缺失、市场机制交易成本过高、水权交易市场的消极影响。必要条件外在推进:政府的引导和外在资金的推动。1995 年世界银行在湖北省漳河灌区建立第一个用水户协会。根据供需水矛盾日益突出、水利设施建管脱节、市场交易成本与收益不对称,首先在灌区实行"灌区水管单位+协会+农户”的管理体制和运行机制,实现灌区用水的统一调度,提高用水户参与管理,既减轻了用水户负担,也提高了用水效率和效益。2005 年水利部、国家发改委、民政部联合下发了《关于加强农民用水户协会建设的意见》(水农〔2015〕502 号),全面系统地阐述了加强用水户协会建设的重要性、发展的指导思想和原则,规范了协会的职责任务、组建程序和运行管理,明确指出要为农民用水户协会健康发展营造良好的政策环境。同时,在各个地区也应加大各类用水主体用水户协会建设。

2.3.2 政府视角下用水户协会配置比较优势

政府视角下用水户协会配置,是整个流域节水系统流程不可缺少的配置手段,尤其在具体操作和实践层面更是如此。在计划配置中,流域管理参与者利益渠道表达缺失,导致计划配置效率低下,关键是末端管理,计划配置很难做到,计划配置无法获知每个参与者的真实情况,多层次委托代理关系造成的委托代理成本巨大。而市场配置在末端管理效率也不高,因为受制于搜索成本、讨价还价的议价成本、签订合同以防风险的合同违约成本,还有市场不可预知成本,造成市场交易成本过高。相比计划配置和市场配置,末端管理如规范用水户用水秩序、解决用水户水事纠纷、节约用水、保护水质、节约劳动力、确保工程维护和工程质量、提高弱势群体灌溉水获得能力、保证水费计收率等,用水户协会配置具有减轻政府负担、减轻末级政府工作压力以及确保灌溉工程的良性运行等方面的比较优势。

政府建立用水户协会配置,其成本优势主要体现在三个方面:一是协调成本,一方面来自于流域管理参与者利益表达渠道的建立,可以通过用水户协会参与到流域管理决策中，以解决政府同用水户之间断层，使得政府计划配置更加合理；另一方面是用水户协会成员之间协调成本比计划配置政府与用水户之间要低。二是交易成本，政府视角下水权市场和排污权市场，其水权和排污权交易成本的存在和大小决定了市场交易规模。一方面来自于第三级水权和排污权市场中用水户之间交易成本在用水户协会的安排比市场机制通过搜索、议价、合同等的成本要低；另一方面来自于用水户协会作为整体进行交易时，议价能力提高，规模效应等可以减少用水户协会单个用水户成员交易时加起来的总成本。三是委托代理成本，计划配置末端管理存在上级和下级之间委托代理问题，下级作为代理人，会采取不利于委托人的行动，导致了委托代理成本过高，但用水户协会配置，由于用水户成员之间信息比较对等，理念差异不大，沟通交流比较便捷，受非制度文化影响，加上地域性特点，在委托代理问题上，用水户协会不存在逆向选择问题，协会领导产生过程决定了其道德风险不大，减少了政府末端管理委托代理成本。（见图 2 – 10）

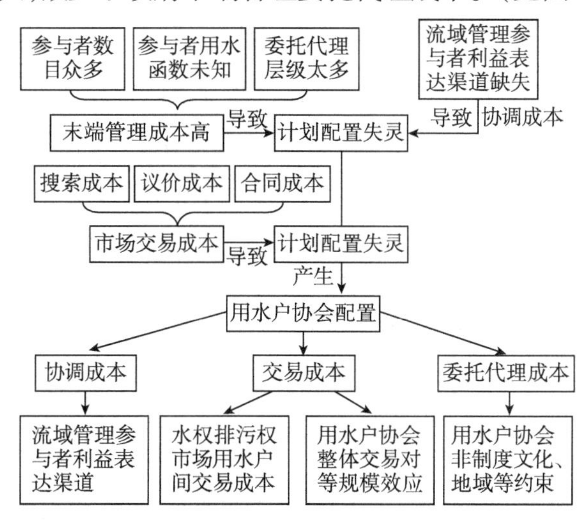

图 2 – 10 用水户协会配置产生及成本优势

2.3.3 政府视角下用水户协会配置需要注意的问题

这一小节我们将主要考虑政府视角下的用水户协会配置问题,用水户协会配置在流域管理参与者利益渠道表达,微观、末端管理,以及对市场交易规模和市场交易地位确立几方面具有比较优势。用水户协会的建设包括协会的组织能力建设、领导能力建设、管理能力建设、协调能力建设、功能扩展与自我维持能力建设,这是保证协会正常运转的必要条件。但享有一定公共管理权力的用水户协会不仅要加强自身建设和接受用水户的监督外,同时还必须接受政府、业务主管部门和民政部门的监督、管理和业务指导。因为完全靠用水户自身则很难推动用水户协会建设,用水户有自下而上发展用水户协会的潜力,但用水户受制于制度不完善、资金不足、技术缺乏,以及个人理性与集体理性冲突,截至目前,我国还没有用水户协会组织是由用水户自我推动建设的,所以用水户协会配置离不开政府在政策、制度、资金、技术等方面的支持。站在政府角度,首先在政策上对用水户协会建设给予支持,对符合管理规范的用水户协会加大审批力度;在制度上积极鼓励和引导用水户协会建设,规范用水户协会,并做好与世行联合互动,多争取世行资金、技术、管理经验上的帮助;在资金上政府从加大"三农"建设高度来建立用水户协会,利用垄断业务利润对非垄断业务补贴的思路,通过对农民的交叉补贴来解决,在提高水资源费的同时,对非紧缺资源进行补贴(如良种、化肥等),一方面农民负担没有增加,另一方面提高了用水效率。在水价反补上,政府置留一定比例给用水户协会,用于用水户协会自身建设和节水设备投入维护,以及激励节水成效明显的用水户协会。在技术指导上,政府在计划配置合理范围的行政管理最低端设立用水户协会的技术指导员，主要是对节水设备安装、维护，节水管理指导等，服务区域所有用水户协会，因为区域所用用水户协会共同聘请技术指导员，很难一致行动，加之协调成本大。当然，政府对用水户协会建设，不能干涉过多、管理过度，使得用水户协会配置功能不能发挥。政府视角下用水户协会配置，要确保用水户协会生成机制完整，即在用水户需要性基础上政府加大其供给。通过政府成立用水户协会发展基金，用水户协会自发申请，政府审核，这样既满足了用水户自发性，又解决了政府如何补贴的问题。

2.4 不同配置手段在政府视角下的协调问题

政府视角下水资源多元配置寻求计划配置、市场配置和用水户协会配置效益最大和成本最低的组合。水利主管部门确定初始分配的原则和要求，然后考虑水资源承载力和环境保护，确定宏观上总量控制指标体系和微观上定额管理指标体系，再根据流域内供水量和需水量预测进行供需平衡分析。政府部门集中计划配置机制基于系统整体效益最优的水资源分配机制，其有效性是拥有各用水户用水生产函数，实际情况是政府很难拥有这些信息。所以，政府管理边界确定的内在条件为政府搜索信息、委托代理等成本与计划配置可能产生管理效益平衡点上；外在条件为市场分散配置运行成本收益比同政府计划集中配置成本收益比平衡点上。于是得出，政府计划配置合理权限在法律、制度、大中型水利设施、基础配套设施、资金供给上，以及水权初始分配一级市场，由于决策实体少，政府计划配置行政成本小。以后的再分配和交易只是在政府监督下以市场配置为主体，政府逐渐由水资源参与者向水资源管理监督者角色倾斜，在政策法规、制度标准、技术、资金等方面给予市场和用水户正确引导和规范。市场配置基于分散自主决策机制所需要消息小于政府集中分配机制。在水权市场中,从水资源产权界定,交易方式优化,建立多层次水权交易市场,并在二级和三级水权市场引入市场配置以弥补政府计划配置的不足;在具体管理中,市场配置的交易成本小于政府计划配置管理成本的都可以引入市场机制,对政府管理垄断部门的非垄断业务进行剥离,通过承包经营、拍卖、租赁经营、股份合作等形式,进行市场化运作。政府对其公益性和外部性项目引入市场机制运作提高配置效率,如排污权交易、水资源产业间转移等。用水户协会配置来自于用水户同质性和信息对称性带来的交易成本减少,以及确立用水户主体地位,从而激发用水户参与管理的积极性。所以,用水户协会配置在水资源末端管理、流域管理参与主体利益表达渠道上比政府计划配置具有优势,在水权交易卖水方交易地位、规模效应和水资源有效节水管理上比政府市场配置具有优势。当然,用水户协会可持续发展和壮大需要政府在宏观上加强引导,政策、资金、技术上加强支持。综上所述,水资源配置作用的范围取决于计划、市场、用水户协会谁能更好地解决问题。水资源合理有效地配置离不开政府对其多元配置手段的综合运用,以便发挥各自在配置、管理水资源上的比较优势。

2.5 本章小结

本章从政府视角出发,首先论述了计划配置在水资源管理中的配置内容和起到的节水作用,计划配置存在委托代理问题并如何优化,以及计划配置存在的问题;其次论述了市场配置如何解决计划失灵,政府视角下水权市场和排污权市场的作用和建立,以及市场配置的比较优势和存在的不足;最后论述了政府视角下用水户协会的配置手段作用和内容,以及其比较优势和需要注意的问题。

本章主要结论有:政府视角下多元配置管理边界确定的内在条件为政府搜索信息、委托代理等成本与计划配置可能产生管理效益平衡点上;外在条件为市场配置运行成本收益比同政府集中计划配置成本收益比平衡点上。计划配置在法律、制度、大中型水利设施、基础配套设施、资金供给上,以及水权初始分配一级市场;市场配置在二级和三级水权市场、政府管理垄断部门的非垄断业务;用水户协会配置模式在水资源末端管理、流域管理参与主体利益表达渠道、在水权交易卖水方的交易地位。

本章创新点:①提出政府视角下计划配置委托代理问题及其如何优化;②站在政府视角如何运用用水户协会配置手段进行节水管理;③系统阐述了政府视角下计划、市场和用水户协会三种配置手段的内容、比较优势和存在问题。

第三章　供水户视角下不同配置手段的节水研究

本章将引入供水户作为中间商配水模式，供水户的出现是对政府功能的优化和重新界定。把配置效率优于政府的地方交由供水户，使其作为水资源管理主体进行相关水资源配置，所以说供水户视角是对政府视角的一种拓展。基本思路是站在供水户角度，运用计划、市场和用水户协会三种不同配置手段进行节水研究。重点分析供水户视角下不同配置手段的作用范围、比较优势和需要注意的问题。

3.1　供水户视角下计划配置的节水研究

3.1.1　供水户与政府博弈

供水户视角下的计划配置，主要是研究供水户视角下，对原有政府计划配置部分进行取代，并进行集中计划配置，其重点是政府同供水户之间的制度安排。供水户主要为用水户提供配水服务并进行用水管理，供给水量和水质相结合，确保水量保证率和水质稳定性，对用水户需水和排水行为进行管理。供水户相当于政府与用水户之间的中间商，目的是提高水资源配置效率。政府、供水户和用水户三者之间的供水模式，供水户作为政府与用水户之间的中间商，有三种模式：一是政府可以采取部分委托供水户和部分政府直接供水混合模式；二是完全委托供水户管理供水和监督用水模式，即中间商模式；三是由政府采取直接供水模式，即直供模式。如图3－1所示，首先政府直接供水模式取决于政府视角下计划行政配置的效率。前面我们已经分析了政府的计划配置面临多重决策，委托代理成本巨大，用水户用水函数未知，即计划配置面临巨大成本和信息约束。因此，只有在水资源极度稀缺时，政府考虑到水资源特性才会采取计划行政配置直接供水给用水户。根据新《水法》规定，用水户少量取水行为无须申请，这种用水户自主少量取水行为我们将在第四章中研究。本章节主要研究供水户视角下，政府委托供水户，由供水户供水配水模式。供水户作为中间商，一方面供水的服务得到提高，无论是水量保证率、水质稳定性，都得到提高；另一方面有利于解决政府直接供水所面临的巨大成本和信息约束，整体上降低了政府管水成本，提高了配水效率，这是引入供水户的原因。但供水户运用何种配置，才能发挥其应有的作用，还需要进一步研究。

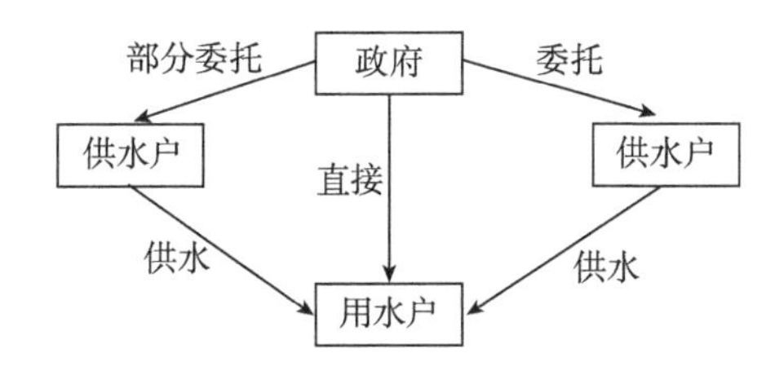

图3－1 政府、供水户和用水户三种供水模式

本小节首先研究供水户视角下的计划配置，涉及供水户与政府行政管理的博弈问题。在计划配置下，供水户供水行为受制于政府监督，也就是政府将自身计划配置交由供水户。供水户与政府是带有合同制的委托代理关系，二者之间存在着信息不对称，供水户面临着道德风险，供水户有追求自身利益最大化的内在偏好。供水户行为有按照水质要求提供稳定水量,也有降低水质要求提供其根据来水量随机性的不稳定水量,从而降低成本。政府对供水户执行计划供水状况有监督和不监督两种选择,因为政府监督也面临着成本,水资源流动性导致了水质水量不稳定性,监督不连续性很难评价其是供水户主观因素还是水资源客观因素。假设政府监督成本为 C_1 个单位,激励因子为 x_1,激励是对供水户按照水质要求提供稳定水量行为的肯定,惩罚因子为 x_2,惩罚是对供水户不按照水质要求自利随机供水行为的否定,并假设供水户不按要求可获取收益,其为 S_1 个单位。政府激励是按照其违反要求获取收益来确定。并假设其他效用对各自的影响为0。若政府监督了按规定供水户,其效用为 $-C_1-x_1S_1$,而对符合规定供水户效用为 x_1S_1;若政府监督了不按规定供水户,其效用为 $x_2S_1-C_1$,而不按规定供水户获得了违反收益,则其效用为 $S_1-x_2S_1$;若政府不监督按规定供水户,其效用为0,按规定供水户的效用为0;若政府不监督不按规定供水户,其效用为 $-S_1$,而按规定供水户效用为 S_1。其博弈结果具体如图3-2所示。

		供水户	
		按要求稳定供水	不按要求随机供水
政府	监督	$(-C_1-x_1S_1,\ x_1S_1)$	$(x_2S_1-C_1,\ S_1-x_2S_1)$
	不监督	(0, 0)	$(-S_1,\ S_1)$

图3-2　政府与供水户供水博弈

当 $C_1<(1+x_2)S_1$ 时,存在两种情况。(1)当 $x_1+x_2\leqslant 1$ 时,政府监督,供水户不按要求供水效用 $S_1-x_2S_1\geqslant$ 按要求供水效用 x_1S_1。政府不监督,供水户不按要求供水效用 $S_1>$ 按要求供水效用0。供水户则不按照要求供水成了其占优策略(不按要求始终优于按要求供水)。在供水户不按要求供水占优策略下,政府唯一的策略是监督,此时存在着纳什均衡(监督,不按水质要求随机提供)。这种情形在现实中可能源于相比处罚违规获利巨大,即使政府选择了监督,供水户也会由于违规获利巨大而铤而走险。(2)当 $x_1+x_2>1$ 时,政府与供水户之间存在着"猫鼠游戏",政府监督,供水户则按要求稳定供水,政府不监督,供水户则不按要求供水。

当 $C_1 \geqslant (1+x_2)S_1$ 时,供水户采取不按照要求供水策略时,政府不监督效用 $-S_1 \geqslant$ 监督效用 $x_2S_1-C_1$。供水户采取按照要求供水策略时,政府不监督效用 $0>$ 监督效用 $-C_1-x_1S_1$,可以看出政府唯一的策略是不监督,供水户的策略就是不按要求供水,此时存在着纳什均衡(不监督,不按水质要求随机提供)。

由此可以看出,政府计划配置如果面临着监督高成本会导致供水户采取消极行为。这就需要研究站在供水户视角下计划配置的合理范围在哪里才会避免出现这种情况。需要注意的是,这里我们不分析供水户不按照要求供水会对用水户的影响,这点将在本章第三部分具体研究。综上不难看出,政府采取委托供水户供水模式,是因为政府完全计划行政配置在某些方面配置成本过高或行不通,但采取委托供水户中间商供水模式,供水户视角下计划配置存在着政府和供水户的供水博弈,这种博弈在监督成本大于一定程度时,会出现供水户供水效率不高的问题。这就需要我们从两方面来思考:供水户在哪个层次取代政府以及如何规范供水户行为,进而降低计划配置成本。

3.1.2 供水户模式选择

供水户视角下的计划配置需要做好四个问题回答:引入供水户作为中间商,相比政府与用水户直接供水模式有哪些比较优势;供水户在政府计划行政配置哪一层接受委托,"政府+供水户+用水户"中间商模式才会比“政府+用水户”直供模式计划配置成本低、配置效率高;供水户应如何建立,以及与政府关系如何确立;供水户计划配置的合理范围如何界定。只有回答了上述四个问题,才能解决上一小节所述供水户与政府之间博弈带来的问题。

供水服务由谁来提供?显然,供水服务可以由水资源所有者和需求者双方(政府—用水户)自己提供,或由专门的服务供应商提供。如果供水服务的提供是由专门的服务供应商实现,那么就涉及供水服务的专业化分工问题。供水服务中间商——供水服务的专业供应者以及委托供水模式的协调者,是由制度效率和供水服务的交易效率所共同决定的,总交易效率的充分改进所导致的专业化与分工的产物,供水户专业化分工有利于水资源所有者——政府降低计划配置成本,提高供水效率,为水资源需求者用水户提供满足要求的服务,供需之间的依存度、交易迂回度、整个供水效率比“政府+用水户”直供模式要高。配置效率在专业化分工中得到了改进和提高,这也是引入供水户作为中间商的原因。例如,深圳模式便借鉴了“水协商”模式,政府与水务集团之间是通过特殊的委托代理模式进行的水务管理职能的代行。

政府计划配置存在行政等级,行政等级越低,面临的决策实体数目越多,政府计划配置效率越低。同时,计划配置行政等级过多,委托代理成本越高,执行效率就越低。政府在流域管理一级水权市场分配,具有配置权威性、强制性,较高协调性,此时政府计划配置效率较高,而各区域在获得配水后,在二级水权市场,此时可以成立专业供水户进行供水,主要采取政府行政计划配置和委托供水户配置相结合模式,政府行政计划配置主要是针对区域内地区间协调。而对地区内用水团体,这取决于政府配水面临对象。面临对象越多,越要委托给专业供水户。对象类别越复杂，专业供水户越有必要建立。而三级水权市场，则完全可交由供水户进行供水。

供水户模式选择，大体可以分为政府完全垄断，由政府成立专业供水户，采取公司化运营方式，但不以追求利润为目标，执行政府计划行政配置职能；政府部分放开供水户，政府控股或参股供水户，采取公司化运营方式，追求经济和社会利益，体现政府计划配置意图；政府完全放开供水户，通过拍卖、租赁等方式，出售给供水户，以追求利润为主要目标，体现政府计划配置意图。具体分析如图 3－3 所示，政府放开程度涉及效率、公平、安全等问题。供水户与政府关系，政府完全垄断供水户，只是政府借助公司化运行方式减少完全计划配置成本，政府对原有涉水行政机构进行整合，专门建立地方水务公司。供水户完全按照政府意图进行配置，具有很强的计划性，也是供水户计划配置的主要内容。对政府供水服务实行专业化服务，有利于提高效率。政府部分放开供水户，部分为原有水管单位转制而来，也有政府新组建的，具有社会性和营利性双重特点，对政府供水服务、水费收缴实行专业化服务。政府完全放开供水户，是通过拍卖、租赁等方式获得，除具有公益性外，供水户自负盈亏，主要是追求利润最大化，供水服务的好坏决定了其收益状况，供水户具有提高供水服务的内在动力。政府与供水户关系需要注意的问题是，供水户接受政府补贴，会产生动力不足的问题。这里涉及政府和供水户的思维转换，政府补贴和供水户所得区分开，政府补贴是源于供水户公益性特点导致所得与投入不对称。政府完全垄断和部分放开供水户，涉及政府对供水户激励和其内部激励问题，首先政府制定合理标准和评价体系，做到责权利统一；其次政府根据供水户供水状况，采取分类别补贴方案；再次对供水户实行不定期过程监督；最后对供水户领导实行动态、梯度考核目标。供水户内部激励,供水户领导把其政府动态、梯度目标考核,分解成对供水户内部动态考核体系,供水户制定供水服务标准和评价体系,对供水户成员进行岗位目标管理,做到责权利统一。

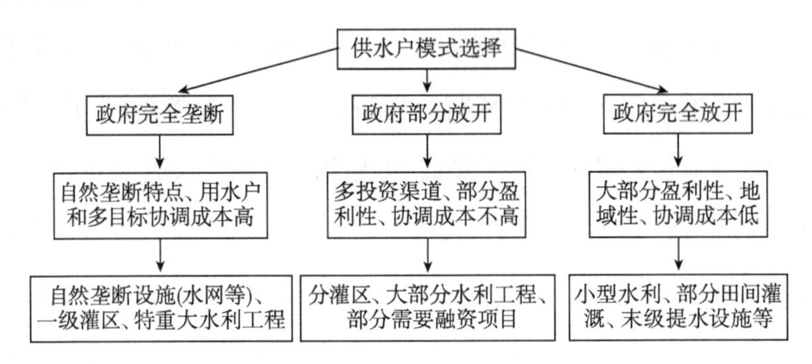

图 3-3　供水户三种模式

供水户计划配置范围,取决于同政府的关系度,从供水户模式选择中,政府完全垄断和政府部分放开的供水户,需要执行政府计划配置意图,供水户主要采取分行业、分地区计划供水,但供水户运作模式是借助于公司化运作方式,增强供水户动力。但供水户涉及配置内容大概为水质管理、供水管理、生态和公益性管理,其中生态和公益性管理属于隐形,水质和供水管理属于显性,防止显性过多挤占隐形。其中,水质管理与供水管理要做到统一,以避免其对生态和公益性管理的挤占,政府应把水资源生态保持和公益性如防洪等在供水户中单列出来,成立专职部门,采取计划配置,而其他可以借助于多元配置手段。具体如图 3-4 所示。而对政府完全放开的供水户,除公益性和水资源过于紧缺时借助于计划配置,其他供水服务则可以借助市场和用水户协会进行配置。这也是我们下面两小节主要研究的问题。

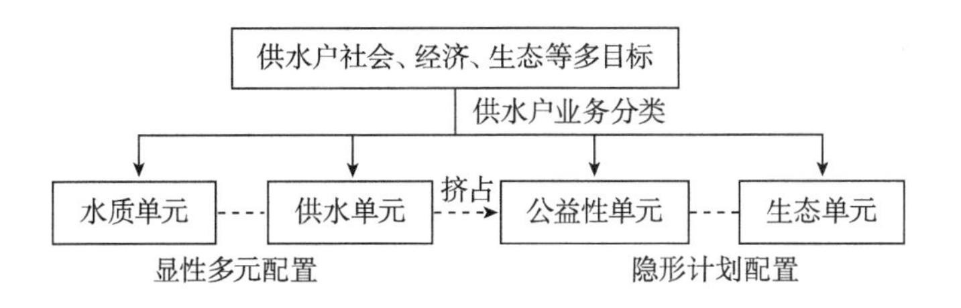

图 3.4　供水户配置范围与内容

3.1.3　供水户视角下计划配置内容与比较优势

由于水利设施资产专用性，即水利设施用于特定用途后被锁定很难再移作他用性质的资产，若改作他用则价值会降低，甚至可能变成毫无价值的资产。水资源公共性及其设施在一定区域里不具有竞争性和排他性。水利设施专用性，以及水资源的公共性导致政府倾向于计划配置。那么，供水户视角下计划配置需要完成的内容是什么？与政府直供模式及其他配置手段相比有哪些优势呢？

具体分析如下：第一，引入供水户，并由供水户进行水资源计划配置，需要政府对供水户进行监督和规范，政府对具有垄断性的供水户进行自上而下的监督与自下而上的评价相结合，不断地修正供水户行为，均衡其政府、供水户、用水户三方利益。对具有不完全垄断性的供水户通过引入竞争机制和退出机制，鼓励用水户“用脚投票”，来约束供水户计划配置行为。第二，供水户执行政府委托授权配水、管水等业务。供水户计划配置的主要内容之一就是在区域层面的配水行为和管理用水户取水行为。供水户视角下的计划配置，代替了政府完成其配置优势不明显的相关层面，提高了政府计划配置效率。政府水资源计划配置委托代理等级较长，完全政府配置其绩效随着委托代理层次逐级递减，由于供水户公司化运作模式比政府具有灵活的机制，交由供水户行使其相关职能,提高了其绩效。第三,中小型水利设施提供者。供水户计划配置,要求供水户在水资源配置过程中,需要相关水利设施完成计划配水、管水等功能。而供水户可以通过收取用水户水费或者政府补贴来提供中小型水利设施。这些设施完全由政府计划投资和用水户自发建设则很难做到,政府资金和管理运营能力制约了政府不可能完全承担各类水利设施,用水户由于其资金、外部性、公共性等不可能成为水利设施主要提供者。供水户在融资、管理、运营等方面具有比较优势,适合成为中小型水利设施供给者。第四,水利设施主要管理者。政府投资大型水利设施,采取政府行政运作,其效率比较低下,难以真实反映用水户需求,而交由供水户进行管理和运作,采取公司化运作模式,在效率上会有很大提高,节省政府管理成本,同时对于完成供水户计划配置起到直接作用;同样供水户参与管理自己投资的中小型水利设施,对于完善供水户计划配置具有帮助作用。对于部分小型水利设施可以交由用水户协会进行配置或拍卖、租赁给个人进行运营。第五,各级区域政府水管理主要载体。各级区域政府在水资源管理上采取政府行政安排,较高行政成本与较低效率形成反差。各级区域政府在计划配置中寻求替代者,完成政府计划配置角色,供水户正好为区域政府水管理提供了平台。政府通过授权等形式,确立供水户管理主体地位,行使政府计划配置部分职能。同样,在水资源投资渠道、融资渠道都可以借助于供水户这个平台来进行配置,供水户独立于行政系统,增加了资金透明度,规范了资金使用,提高了资金利用效率。第六,对用水户取排水行为监督和指导。大中型灌区交由供水户管理,供水户的计划配置,主要是规范用水户取水和排水行为,而单纯依靠政府监督,则很难有效规范用水户行为。供水户同用水户之间产生直接关系,使得其监督同政府相比具有信息、成本等比较优势。同时在用水户需求上,供水户对其供给具有信息、成本优势。第七,供水户的引入使得政府与用水户之间配置关系更加紧密。供水户作为政府代理人,完成政府行政机构部分职能,克服政府官僚主义带来的问题,大大提高了计划配置效率。供水户作为用水户服务者,其运作机制的基础,要求其了解用水户需求,并能及时反映其需求。不难看出,供水户的引入把政府与用水户之间的断层渠道建立了起来,使得政府的意图和用水户需求在供水户身上得到了体现。

3.1.4 节水项目供给与政府计划配置关系研究

供水户设立一方面节约了政府计划配置成本,另一方面供水户是节水项目的主要供给者。本小节将主要研究节水项目供给与计划配置的作用关系,即政府计划配置如何引导节水项目发展。政府在节水管理中主要应做好节水制度建设、初始水权分配确定和建立监督机制,以及稳定参与者的预期,减少相关者的博弈策略成本。在节水潜力促进上,由于水资源的自身特性,很难像其他私人产品那样由市场供求关系变化自发调节并能获得社会正常收益,节水产品的外部性和公益性抑制了其供给水平。节水项目同其他公共产品一样,表现为供给不足和利用率不高,这就需要政府弥补节水市场供给不足和创新其节水管理方式,但又不替代市场自发投资。节水项目是否具有自发性决定了政府行为。由于投资节水的供给方和政府判断问题的视角不一样,节水供给方只关心私人收益,所以投资综合收益大于投资成本不会带来民间节水项目的发展。节水项目自发性的充分条件即为节水项目私人收益大于投资成本。如无私人收益,只有无法量化的公共收益则不会带来民间投资增长。当然,私人收益大于投资成本只是节水项目自发性的充分条件,其节水项目的融资便利性、项目利润率同社会平均利润率情况、政府政策尺度等都是节水项目自发性的必要条件。而政府关心的视角是节水项目的综合效益,包括经济效益、社会效益和生态效益等,严格地说,只要节水项目综合收益大于投资成本,就值得投资。政府可以根据节水项目特点,直接和间接参与其中,成立政府节水投资基金,其运作具体如图3-5所示。还要注意政府节水投资基金要与节水项目供给方投资相补充,这样在节水项目实际运行中,节水项目供给方会真正地关心节水项目。对于一些大型节水项目,政府节水投资基金是发起方,招募相关潜在投资方,这时政府节水投资基金会事前要规范自身行为,避免对其他投资方的挤出效应。对于一些中小型项目,政府要转变投资理念,没有必要全部控股,除一些公益性较强的中小型项目需政府控股外,要使得供水户成为此类节水设施投资主体。在具体思路上政府计划配置由过去重视投资建设转变为节水项目的建设与日常维护并重;由过去重视末端控制转变为过程控制;由过去重视节水项目供给方转变为依节水项目的特点,是从源头上补贴供水户还是从末端补贴用水户。政府节水投资基金不光提供资金支持,对节水技术、人员等方面也要提供帮助。总之,政府计划配置过程中既要引导和规范供水户,也要不因其投入而抑制供水户投资,要使得供水户成为节水项目主要供给方。

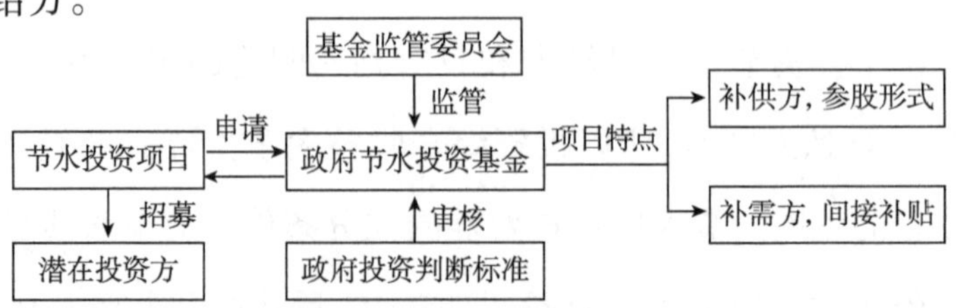

图3-5 节水项目供给与政府计划配置的作用关系

3.2　供水户视角下市场配置的节水研究

3.2.1　供水户视角下市场配置内容

上一小节我们分析了供水户视角下的计划配置，在政府和用水户之间引入了专业化分工产物——供水户。供水户计划配置考虑的是实现整体效益最大，即如何节约用水量，同时水质得到保护。而作为配置方案接受方的取水者考虑的则是如何实现个体效益最大，即最大限度地满足自己的用水需求，对所产生污水不加处理。理性取水者了解到已确定的水资源分配机制这一公有信息后，为分配到更多的免费水量，将会夸大自己的用水生产函数，由于信息不对称导致了计划配置低效率。供水户视角取代了政府视角，把政府视角下计划配置问题部分转移为供水户视角下计划配置问题。供水户解决了政府计划配置高成本、低效率问题，但没有解决计划配置中由于用水户用水函数未知、信息不对称、激励不足而带来的配置效率问题，以及政府激励供水户手段不足问题。这就需要借助于其他配置手段。本小节将研究市场配置能为供水户带来什么，其比较优势在哪里，如何发挥市场配置作用，需要注意的问题有哪些。

供水户视角下市场配置内容，主要表现在以下五个方面：第一，由于政府与供水户计划配置存在着政府监督难，供水户不按照要求进行供水服务，政府需要市场配置激励供水户，通过岗位竞争、供水户人才市场竞争等方式，如上海学习了水市场模式，在各区域经营主体之间引入了竞争机制，并在短时间内取得了明显的成效。加强供水户自身运作方式进行公司化改革，自主决策，自主激励，适应市场配置要求。在供水户制度建设、组织架构、人员安排、资金筹措、管理方式等方面按照现代公司运作方式建立，充分发挥公司制适应用水户需求响应快、决策快、执行快等特点。但由于大部分供水户不能自负盈亏，需要政府对其进行补贴，必须处理好政府对其负面影响，避免供水户官僚化，这就需要引入市场机制克服供水户计划配置本身的种种弊端。供水户专门成立与政府计划配置相协调的专职部门，充分反映政府在水资源公共特性中的配置要求。第二，在供水户融资渠道上，可以借助于市场进行直接和间接融资，对具有公益性的节水项目，供水户除可以获取政府拨款外，还可以争取政策银行或商业银行低息贷款。供水户对其具有经济效益业务，如城市供水业务、污水处理业务和水资源综合开发利用等进行整合，除银行的间接融资外，还可以借助于资本市场进行直接融资，以壮大其发展。第三，供水户借助市场配置成立水银行，供水户作为其运作机构。水银行是在政府水利主管部门宏观调控下建立的以水资源为服务对象的类似于银行的企业化运作机构，它主要是水资源的卖方与买方一个集中统一的购销中介机构。因此，水银行制度是关于拥有特定水的使用权的个人或组织按照合理的运作模式将多余的水存入水银行，从而获益，而需水方在需要时只需付款即可取得水使用权的制度。在水银行基础上，供水户作为其运作机构，进一步发展水权交易期权市场。第四，水权二级、三级市场，排污权二级、三级交易市场，政府委托供水户进行专业供水服务，保证水量、水质稳定，供水户需要借助市场配置，发挥参与者自主决策，自我激励，解决计划配置中用水户用水函数未知，带来的道德风险问题，导致配置失灵，用水户过多用水问题。同时，供水户市场配置也有助于供水户自身建设，适应机制改变带来的要求。第五，供水户中水市场建立借助于市场配置，对污水处理、雨水回收利用、海水淡化等，政府通过对供水户进行政策鼓励（如政府补贴、税收优惠、技术研发支持等），供水户进行开发利用，通过市场出售给用水户，从而获取利润。这类具有营利性的业务，政府在资金上给予支持，在融资上给予优先考虑，鼓励有实力供水户在中水市场对旗下的业务整合上市。

3.2.2 供水户视角下市场配置比较优势

供水户视角下市场配置比较优势，首先来自于市场配置的价格机制，通过价格传导机制反映供水户和用水户之间的信息，供水户运用市场配置的价格机制，根据水资源状况、采取临时水资源紧缺加价制，针对不同用水户需求，采取分类别定价，而用水户则根据产品收益与水价等成本进行决策。这样解决了由于用水户信息不足，水资源紧缺导致水资源利用效率低的问题，但也出现了如何保护弱势群体的问题。对此，供水户应采取双轨制水资源供给制度，即一部分无偿供给，一部分通过市场配置。确保弱势群体由于购买力不强导致的水资源基本需求没有满足，另一部分则完全可以通过市场配置，供水户确保各产业基本需求，防止弱势产业（农业）用水向购买力强产业转移带来的产业系统性风险。在水权交易市场，供水户还应注意投机需求，即低价买进高价卖出。可以成立供水户水权平抑基金，水权价格过低时，买进，水权价格过高时，卖出。通过对水权价格进行调控，防止水权市场波动太大。这里需要注意，市场配置中，其水权交易成本大于买卖水双方利用效率差值时，水权交易就不会发生。为降低交易成本，供水户可以成立网上水权交易系统。具体分析如图 3－6 所示。

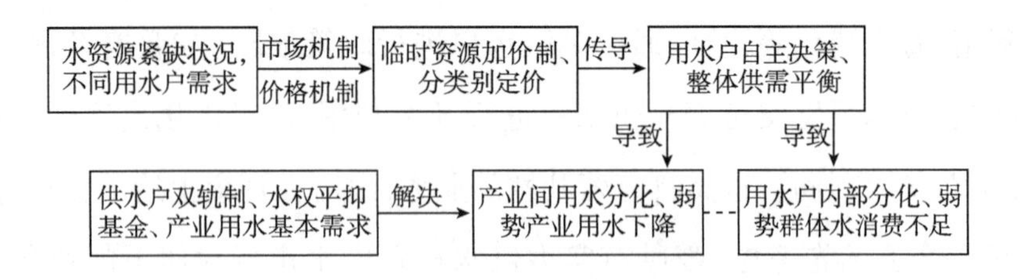

图3-6　供水户市场配置优势和问题解决

其次，供水户视角下市场配置，带动了专业排污企业的出现与壮大。由于各个用水户排污处理成本受制于规模经济，随着排污权市场发展，环保要求提高自然会产生对专业排污处理企业的需求，可以在城市供水、工业集中区等率先实行。鼓励专业排污处理企业提供排污处理服务，增加排污权指标，用水户可以从中购买排污权指标，以降低其治污总成本。假设用水户处理污水的边际成本为 MC_1，专业排污处理的供水户边际成本为 MC_2。由于专业排污用水户具有规模效应，随着污水处理量增加，其边际成本会递减。为分析方便，其边际收益为定值 P，具体如图3-7所示：用水户污水量达到 Q_2 时，其边际收益等于边际成本，此时再生产，经济上则不合理。用水户应从专业排污处理的供水户处购买虚拟排污权。最优点即为两者边际成本的交点，排污平衡点为 A 处。平衡点之外用水户自行处理污水，都会带来效率损失。可以证明任意点 Q_3 处，都比 Q_1 处多一个近似三角形 ABC 的损失，离 Q_1 处越远其损失越大。

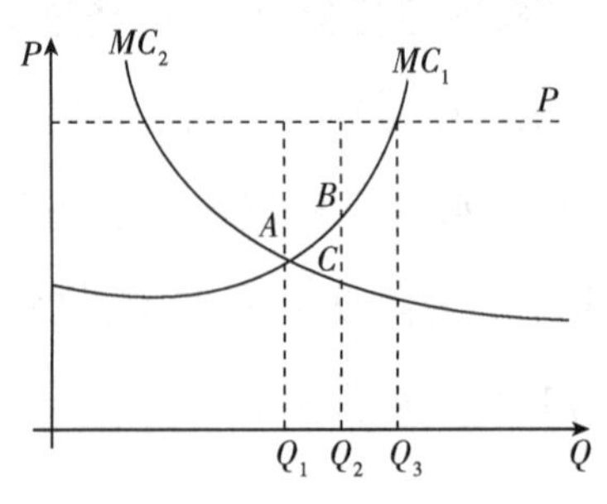

图3-7　专业排污供水户带来效率改进

在专业排污处理供水户的基础上,进行多层次多视角利用二次水、雨水、海水等,成立中水市场,进行分质供水,根据用水主体对水质要求不同,进行不同类别水质供水。在用水户整体水资源平衡基础上,也实现了分类别平衡,达到了真正的节水和可持续发展。

最后,前一小节我们分析了政府委托供水户成立水银行,水权交易市场中介——供水户在其中发挥着很重要的作用,即扮演着水权交易中间者的角色,起着引导、监督、规范和维护水权市场。供水户采取市场配置解决用水户之间以及供水户与用水户之间的信息不对称问题,激发参与者自主决策。假设两位参与者,其用水边际成本分别为 MC_1 和 MC_2,为分析方便,其边际收益一样,且为定值 P,具体分析如图 3-8 所示,水资源初始分配处 $Q_{初}$,不难看出通过市场交易,在最优处 $Q_{优}$ 进行交易,则会获得一个近似三角形 DEF 的净收益,从而社会净收益得到了增加。这是由于市场机制下,用水户自主决策的结果。

产业内部交易,会使得产业内总福利增加。对产业间,由于其边际收益不一样,其交易更会带来社会总福利增加。同时,供水户要防范交易量有没有超过产业规定,往往按照最优量交易会带来对边际收益较弱行业的过度挤占。如图 3-8 中增加的虚线即为产业水权限制线,此时增加净收益应为 $DEIH$,要比 DEF 小。供水户防止产业间水资源过多转移,虽减少了社会总福利,但预防了对本行业造成不可逆影响的产生,满足了产业间可持续发展。供水户促成交易的同时一定要防止这种市场交易利益冲动。市场具有内在利益动机,政府应该规定其水权限制量。综上所述,市场配置增加社会总福利,但应防止强势群体对弱势群体,如工业对农业的过多侵占,避免超过产业水权限制量。

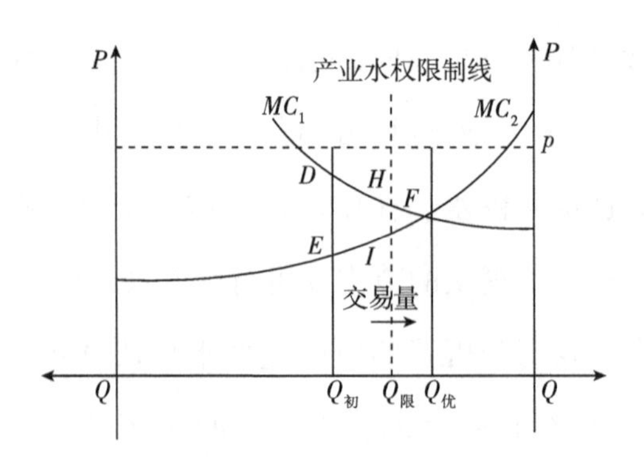

图 3-8　水权交易增加社会总福利

3.2.3　节水项目供给与市场配置作用关系研究

在前面我们探讨了节水项目供给方与计划配置的关系，这一小节我们将研究节水项目供给方与市场配置的关系。首先，应确保节水项目供水户的自发性、独立性和完整性，防止计划配置对市场配置挤兑效应，因为节水项目涉及政府、供水户和用水户，计划配置对市场配置干预会使得供水户的选择和任用不具有自发性、独立性与完整性。其次，节水项目具有营利性，是其市场配置的前提，同时带有公益性和正外部性，其利润率低于社会平均利润率，所以其发展离不开政府支持，政府在政策、税收、技术等方面对中小型节水项目给予支持。大中型节水项目，初期应建立政府为主体公司制更适合当前的中国国情。最后，节水项目具有系统性，如中水市场与原水市场如何协调发展，才能既保证中水市场的可持续发展，又促进原水市场的节约；地下取水与地表水市场怎样的关系，才能既保证地下水安全，又不对地表水造成影响。下面我们重点研究节水项目供给以及节水项目与市场配置的关系。

节水项目具有营利性、资源稀缺、市场买卖需求等特性，从而具备市场配置基础。节水项目界定、外部性内在化程度、定价功能、需求实现过程等决定了市场配置程度。同时节水项目的市场配置不是说完全离开政府谈纯市场，现实中没有离开政府的市场，更何况水资源的特殊性，所以节水项目供给与市场配置的关系离不开政府的作用。节水项目具体有以下几个特点：首先，具有隐性和显性，小型水利、灌溉设施、中水利用等关于水量减少和水质提高，其显性作用比较突出，市场参与者比较认同，往往得到正确定价。但对整个水利隐性作用（水利系统优化协调、水量节约溢出效应、正外部性等）由于很难定价，导致其节水项目盈利不完整性，存在市场配置供给不足。其次，节水项目自身获利由于市场定价不同，存在着其盈利的递减性，而这种定价不是反映其节水整体效果，而是由其评价便利性决定的。最后，定价的扭曲导致其盈利与节水效果具有不对称性。所以，节水项目供给与市场配置的关系，是运用市场自动调节功能进行配置。但由于水资源公共性、外部性等特性也离不开政府调节，市场配置到盈亏点以下节水项目时，政府会补贴供水户进行市场配置，即对具有隐性、定价过低节水项目，政府会补贴供水户，增加其供给水平。不难发现，政府作用不是取代市场配置作用，而是通过对节水项目自身特点进行补充，来发挥更大的市场配置作用。具体如图 3－9 所示。

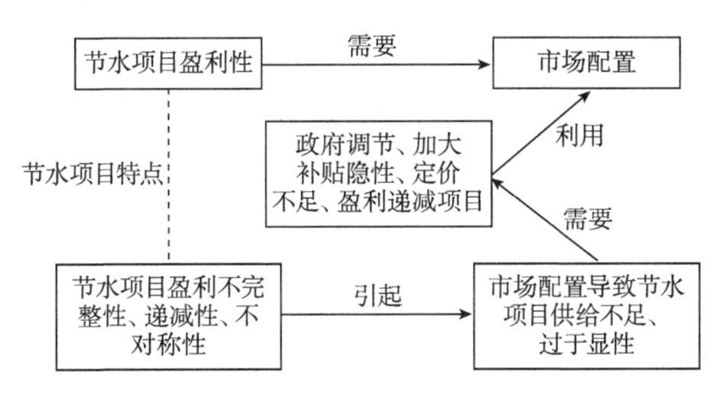

图 3－9 节水项目供给与政府和市场配置关系

中水项目具有处理水、再卖水的盈利模式，符合市场配置的前提。设立中水项目目的是节约原水和保护水质，所以中水项目具有正外部性和公益性，政府应对其进行鼓励和引导，并采取双向补贴思路：采用中水配套设施建立，中水低价对供水户造成损失进行补贴等方式补供水户；采用中水的低水价、政府根据总水量下中水份额等方式补用水户。那么市场配置应如何作用中水项目来实现节约原水节约和保护水质？中水市场采取低价、政府补贴等方式吸引用水户分质用水需求，供给方为满足用水户分质用水需求，由于政府补贴鼓励中水项目，导致其供给增加，具体分析如图 3－10 所示。上面是原水市场供给需求曲线，下面是中水市场供给需求曲线。由于中水供给增加，其供给曲线由 S_1 增加到 S_2，进而引起其价格下降，中水用水量增加了 Q。假设用水户总需水量不变，必然引起原水市场需求曲线由 D_1 下降到 D_2，原水市场需求量下降了 Q，是中水的增加量减少了原水的需求量。不难看出，中水项目对水质保护起到了积极作用，对水资源的节约也起到了替代作用，具有双赢效应。

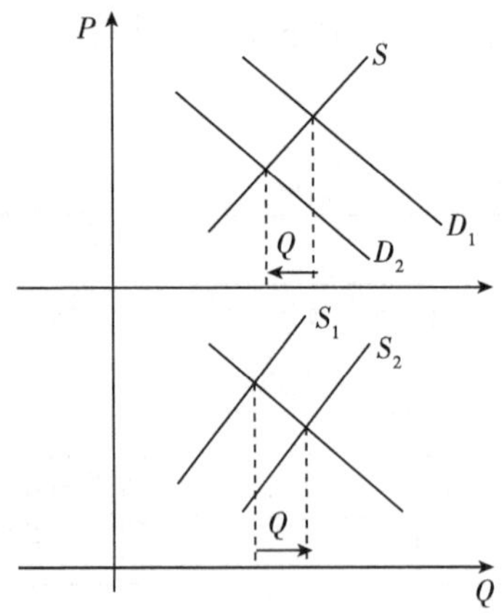

图 3－10　政府补贴后中水项目供给需求情况

3.3 供水户视角下用水户协会配置的节水研究

3.3.1 供水户与用水户博弈

供水户视角下用水户协会配置，是对供水户视角下计划配置和市场配置在某些范围上配置不足的补充和替代。借助于用水户协会这种类似于俱乐部制的特殊管理机制，可用来解决供水户计划配置信息不足、供水户激励不足等问题，和供水户市场配置公平、交易费用、供给不足等问题。本小节将通过对供水户管理用水户用水行为博弈分析，提出用水户协会如何解决博弈产生的问题；进而分析供水户视角下用水户协会配置内容，得出其比较优势在哪里；最后分析节水项目供给与用水户协会配置关系，得出如何运用用水户协会进行配置。下面首先分析供水户和用水户在水量和水质上的博弈存在的问题。

用水户在用水上有按照规定取水和排污，不按照规定取水和排污两种选择，供水户在水量水质供给上有监督和不监督用水户两种选择。假设供水户的监督成本为 C_1 个单位，激励因子为 x_1，激励是对用水户按照规定取水和排污行为的肯定，惩罚因子为 x_2，惩罚是对用水户不按照规定取水和排污行为的否定，并假设用水户不按规定来可获取收益为 S_1 个单位，供水户激励是按照其违反要求获取收益来确定，并假定其他效用对各自的影响为0。若供水户监督了按规定用水户，其效用为 $-C_1-x_1S_1$，符合规定用水户效用为 x_1S_1；若供水户监督了不按规定用水户，其效用为 $x_2S_1-C_1$，而不按规定用水户获得了违反收益，则其效用为 $S_1-x_2S_1$；若供水户不监督按规定供水户，其效用为0，按规定用水户的效用为0；若供水户不监督不按规定用水户，其效用为 $-S_1$，而不规定用水户效用为 S_1。其博弈结果如图 3－11 所示。

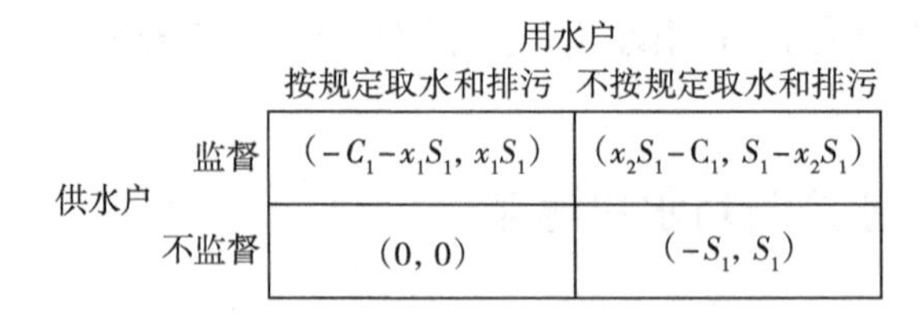

		用水户	
		按规定取水和排污	不按规定取水和排污
供水户	监督	$(-C_1-x_1S_1,\ x_1S_1)$	$(x_2S_1-C_1,\ S_1-x_2S_1)$
	不监督	(0, 0)	$(-S_1,\ S_1)$

图 3－11　供水户与用水户用水博弈

当 $C_1<(1+x_2)S_1$ 时，存在两种情况。(1)当 $x_1+x_2\leqslant 1$ 时，则不按照要求取水成了用水户占优策略(不按要求始终优于按要求取水)。在用水户不按要求用水占优策略下，供水户唯一的策略是监督，此时存在着纳什均衡(监督，不按水质要求随机提供)。这种情形在现实中可能源于相比处罚违规获利巨大，即使供水户选择了监督，用水户也会由于违规获利巨大而铤而走险。(2)当 $x_1+x_2>1$ 时，供水户与用水户之间存在着“猫鼠游戏”，供水户监督，用水户则按要求取水，供水户不监督，用水户不按要求取水。

当 $C_1\geqslant(1+x_2)S_1$ 时，用水户采取不按照要求取水和排污策略，供水户不监督效用 $-S_1\geqslant$ 监督效用 $x_2S_1-C_1$。用水户采取按照要求取水和排污策略时，供水户不监督效用 $0>$ 监督效用 $-C_1-x_1S_1$，可以看出供水户唯一的策略是不监督，此时用水户策略就是不按要求取水和排污，所以此时存在着纳什均衡就是(不监督，不按规定取水和排污)。由此可以看出，供水户视角下用水户管理方式，如果面临着高成本就会导致用水户采取消极行为。

不难看出，供水户和用水户之间也存在监管难问题，由于用水户众多，用水外部性和计量设备缺少，其监督成本和监督不连续性导致了供水户很难监督。如何将众多用水户行为进行归类，并将同区域、同用水对象、用水行为近似的用水户组织起来，成立用水户协会组织，通过用水户协会组织对其用水户行为进行监督，由于大家信息比较对称，受制于同区域非制度文化影响，俱乐部制规范下，用水户用水行为收敛于用水户协会组织要求。这样供水户与用水户博弈就变成用水户协会与供水户博弈，其监督成本相对比较小，也就不会出现 $C_1 \geqslant (1+x_2)S_1$ 的情况，同时用水户协会与供水户建立长效合作机制，通过重复博弈，和对不按规定取水行为后果置信威胁，用水户协会同供水户博弈转变为（不监督，按规定取水）。从中不难看出，用水户协会对供水户在监督和规范用水户用水行为上具有积极作用。

3.3.2 供水户视角下用水户协会配置内容和比较优势

供水户视角下用水户协会配置在规范用水户用水行为上比供水户具有信息优势、协调成本低、决策执行成本低等特点。因此，引入用水户协会配置不光有利于节约供水户在管理和规范用水户用水上的行为成本，同时因此，用水户协会配置还是监督供水户行为的重要手段。政府引入供水户配水管水，存在对供水户监督和激励不足问题，而用水户协会“用脚投票”机制激励供水户配水管水行为。除此之外，供水户视角下用水户协会配置内容还包括地下水管理和中介组织建立，及其存在比较优势。

用水户在用水时，会对地下水和地表水进行比较，地下水抽取成本和地表水价格是其自主行为的判断依据。而无偿利用地下水，对地表水市场价格是个扭曲。如图 3－12 所示，原有供给和需求在水价 P_1 处达到均衡，用水户无偿汲取地下水，一方面对地下水安全造成威胁，引发地质生态问题；另一方面造成水资源总量供给增加，在总需求不变情况下对地表水需求下降和成本差异引起对地下水过度利用。从供给需求角度看,由于地下水引起供给增加,供给曲线由 S 向 S_1 移动,在用水总需求不变情况下,地表水需求则会下降,由 D 向 D_1 移动,而地表水供给仍为 S,使得供水价格下降到 P_2,价格下降使得对节水调节功能被削弱了;从成本角度看,总需求不变情况下,由于地下水与地表水的价格差异,只要地表水价格大于汲取地下水边际成本,就有汲取地下水动力,一直到地表水价格等同于汲取地下水边际成本 MC。这也就造成了地下水过度汲取,造成了严重地质生态问题。当然,在某些地区存在着地表水资源严重供给不足,进而过度开发利用地下水的情况。供水户应制定合理开发地下水规划,严格控制地下水开发上限,但由于供水户很难监督用水户行为,用水户协会对用水户行为具有约束力,供水户监督用水户协会是否严格执行地下水开发规划,用水户协会再通过非制度文化约束、内部协调机制等规范用水户地下水超采行为,解决用水户水量盈亏平衡问题。

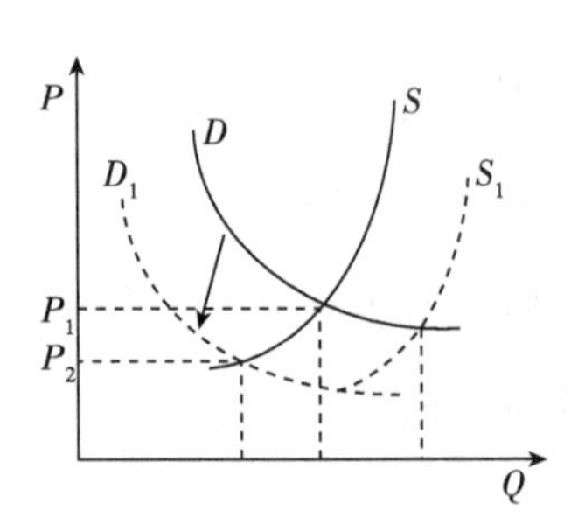

图 3-12　地下水对地表水市场的影响

在用水户之间,节水资源的供给者与水资源不足的需求者之间存在着严重信息不对称,以至于节水资源所有者节约的水不能很好出清,一是卖不出去,二是即使卖出去,但不是最需要水资源的购买者所买,因而价格不合理。这样就会打击节水者的积极性,使得节水市场萎缩,进而对整个社会因缺水而导致生产减少的问题没有系统解决。这就说明光建立了各阶段节水制度，在各阶段连接上没有很好的中介组织，节水模式也不能系统地运行。这就需要中介组织来解决节水交易中存在的信息不对称问题。中介组织的存在节约了交易成本（如搜索成本、讨价还价成本、定价风险成本等），减少了交易时间（明确了交易双方的预期）。同时中介组织的存在使得节约的水运用到了最有价值的地方，竞标博弈结果是只有最需要的人出最合适价格，水资源再次配置得到了合理解决。中介组织的存在也激励了节水者的积极性，使得节水者只需要关心节水本身问题，节水以外的问题留给专业的中介组织，从而节水模式能够良性有效循环。具体如图 3－13 所示。

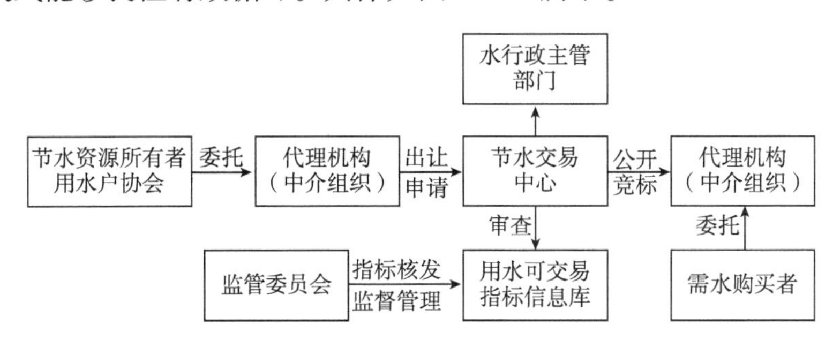

图 3－13　中介组织在节水交易中的作用

这里需要解决的问题是如何保障中介组织的有效性。中介组织虽能够解决节水者和需水者信息不对称问题，但也带来了委托代理问题，即中介组织作为代理机构对委托者道德风险问题。要解决这个问题，则需要清楚中介组织来源于市场竞争，培育中介市场，市场竞争可以保护委托者无知。当然也可以让代理机构与委托者风险收益共担，中介组织来自于用水户协会和需水户联合会（工业用水联合会），他们本身具有信息优势，代表各方利益，不存在做大以后对委托人道德风险问题。由此不难看出，用水户协会和基于用水户协会成立的中介组织解决了供水户在用水户节水问题上面临的困境。主要包括同一层次用水户整体如何最大化用水以及不同层次用水户之间的节水盈亏问题。也就是说,用水户协会组织主要解决的是各级用水户层面用水问题,如农业用水户协会主要解决农户整体用水以及农户之间节水盈亏问题。同时用水户协会配置为基于用水户协会和需水户联合会成立的中介组织奠定了基础。用水户协会和需水户联合会的中介组织则主要解决用水户协会整体多余水量与需水户联合会水资源不足而产生的供给和需求这两个层次的用水问题,即需水户与供水户之间用水信息不对称问题。在用水户协会和需水户联合会成立的中介组织中,其供给户在用水户协会组织层面是用水户。具体如图 3－14 所示。

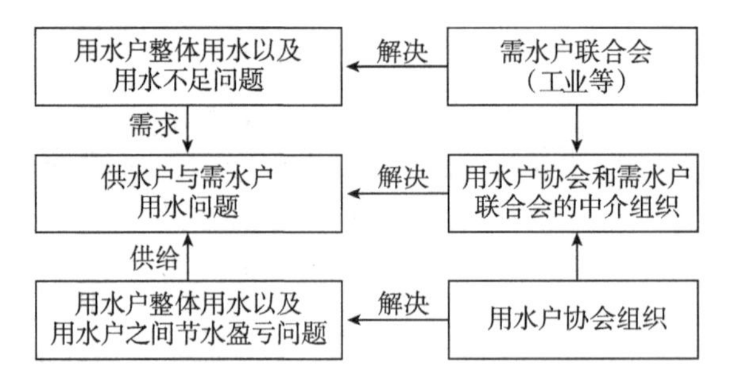

图 3－14　用水户协会及其需水户联合会成立中介组织的作用

3.3.3　节水项目供给与用水户协会配置关系研究

在分析节水项目供给与计划配置和市场配置作用关系时,我们发现由于节水项目特点决定其发展离不开政府支持。同样,用水户协会配置也需要政府对其进行帮助,并且应从用水户协会的建设政策、制度、资金、技术等方面给予支持。政府给予支持的同时,还防止计划配置对用水户配置的挤占。用水户协会配置的优势集中在节水项目供给管理上,而不是计划配置和市场配置集中节水项目提供上。在节水配套设施是供水户在建设时,必要中间环节,如田间灌溉系统,供水户参与管理的成本大,对用水户行为又很难监督,交由用水户协会进行配置,可减少供水户的市场配置交易成本和直接配置管理成本;在中水市场节水项目中,供水户通过分质供水,提高二次水利用率,对企业用水户用水和排污行为,通过工业用水联合会,用水户协会组织进行监督。对分散农业用水户用水行为,成立农业用水户协会进行监督。

节水项目供给管理中,在水价收缴上,如果供水户通过自身管理收取,由于对用水户情况存在信息不对称,供水户面临收缴成本高,收缴率低等问题,通过用水户协会具有对用水户用水情况、支付能力等信息优势,对支付能力差的用水户,由用水户协会购买供水户多余水量,再低价补贴给支付能力差的用水户。其资金来源于政府进行水资源改革,进行双轨制补贴和用水户协会发展基金。当然,用水户协会要严格控制不交水费比例,权利交由用水户协会民主决定。

部分节水项目在管理上,存在供水户管理成本与效果不匹配,管理成本高,效果不明显,这在很大程度上制约了节水项目发展。例如,在小型水利设施上,根据营利性递减性,政府选择进行补贴,供水户自发进行建设,在管理上,是供水户自身参与管理还是供水户通过市场配置租赁或拍卖给用水户协会,用水户协会进行管理和配置,供水户需要对其进行评价。当管理成本收益小于租赁和拍卖所得时,供水户选择是利用用水户协会配置优势进行转让,供水户则对其进行指导和规范。在图3－9节水项目供给与政府和市场配置关系的基础上,对节水项目供给后管理问题,提出了用水户协会配置和供水户关系。以上分析具体如图3－15所示。

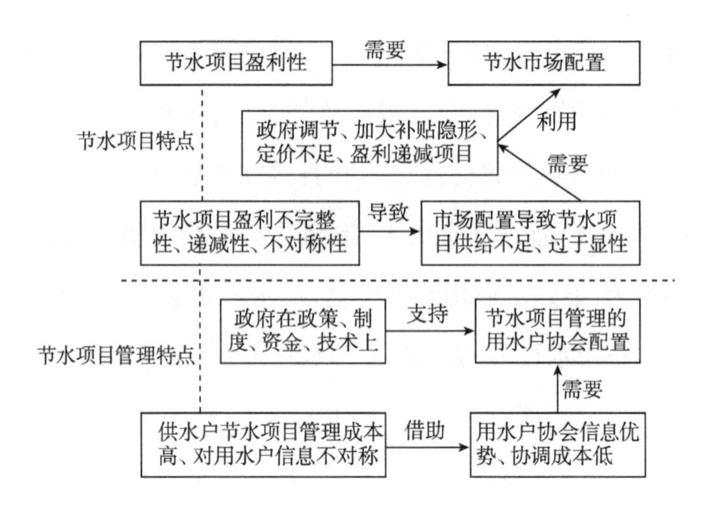

图3－15　节水项目管理的用水户协会配置

3.4　供水户视角下不同配置需要注意的问题

供水户视角下的计划配置，首先供水户中间商的出现是对政府和用水户直供模式的重要改进，是专业化分工和效率提高的产物。供水户视角下的计划配置，降低了原政府视角下计划配置委托代理成本，通过政府对供水户监管程度进行分类，委托供水户对水资源进行配置。供水户视角下的计划配置也存在需要注意的问题：第一，供水户激励不足，政府激励手段不足，对其激励不具有内生性。第二，配置需求信息不足，供水户计划配置，政府对供水户信息不足，供水户对用水户信息不足。第三，多目标协调困难，显性对隐形挤占，供水户会通过供水等服务挤占生态、防洪等公益性目标。第四，供水户计划配置随着等级加长，管理成本逐渐提高，管理效率逐渐降低。

供水户视角下的市场配置，运用较少的信息、较低的成本，提高水资源利用率、水资源配置效率，实现节水项目供给市场化运作是对供水户视角下的计划配置的重要补充和替代。但供水户视角下的市场配置也存在需要注意的问题:第一,地区间发展不协调会导致市场失灵问题,市场配置是自主决策,但由于地区间发展不协调,参与者供给能力和购买力差异,市场配置结果资源过多流入到较为强势的一方。第二,公平难以保证、"马太效应"会越发明显,供水户视角下的市场配置,在提高效率的同时,购买力强用水户、较发达地区供水户会配置到更多资源,从而得到更好发展,更好发展促使其又配置到更多资源,这使得两极分化越发严重,水资源供给公平难以得到保证。第三,供水户市场配置本身存在的交易成本高,交易规模小,节水项目配套设施缺失,计量困难也导致了交易困难,加上水资源流动性和外部性等阻碍供水户市场配置的供给。

供水户视角下的用水户协会配置,在规范用水户用水行为和地下水市场、管理节水项目中具有其他配置手段所不具备的信息、协调、成本等优势。但供水户视角下的用水户协会配置也有需要注意的问题:第一,用水户协会民主监督和定期选举问题。在实践中,用水户协会是由用水户选举成立,但由于其代理用水户行为中,容易受强势方供水户寻租等行为影响,出现代理行为偏差。用水户必须对用水户协会领导进行民主监督,定期选举使得用水户协会真实为用水户服务。第二,用水户协会自身管理问题。由于资金渠道来源、监管等问题导致用水户协会建设资金缺少,用水户协会节水技术缺失,制度政策不完善等问题,在供水户和用水户中间引入的用水户协会没有很好解决用水户用水行为和不能完整代表用水户利益,导致用水户协会配置效果没有预期好。

3.5 本章小结

本章从供水户视角出发,首先分析了供水户作为专业化分工的引入,供水户与政府博弈带来的问题,供水户计划配置的三种模式,供水户计划配置内容及其比较优势;其次分析了供水户市场配置的内容及其比较优势,节水项目供给市场配置原理;最后分析了供水户与用水户博弈带来的问题,供水户视角下用水户协会配置的内容及其比较优势。

本章主要结论:供水户中间商的出现是对政府和用水户直供模式的重要改进,是专业化分工和效率提高的产物。供水户视角下计划配置的依据是政府对供水户的监管程度,有政府完全垄断、政府部分放开、政府完全放开三种供水户模式。市场配置即引入公司制、成立水银行和分水市场、实现双轨制和建立平抑基金,拓展了供水户融资渠道、解决供水户信息不足问题,激发参与主体自主决策、提高水资源利用效率。用水户协会配置解决了用水户与供水户之间用水管理、水费收缴等问题。同时用水户协会以及基于用水户协会成立的中介组织的成立帮助供水户解决了同一层次和不同层次用水户之间的节水盈亏问题。

本章创新点:①本章引入专业化分工产物——供水户,并站在其视角进行节水分析;②首次引出节水项目供给与计划、市场和用水户协会配置的关系;③系统阐述了供水户视角下计划、市场和用水户协会配置的内容、比较优势和存在问题。

第四章　用水户视角下不同配置手段的节水研究

前面两章主要从水资源的供给方(政府和供水户)视角运用不同配置手段来研究节水问题,本章则从水资源的需求方(用水户)视角运用不同配置手段来研究节水问题,基本思路是站在用水户角度运用计划配置、市场配置和用水户协会配置进行节水研究。重点分析用水户视角下不同配置的作用范围、比较优势和需要注意的问题。

4.1　用水户视角下计划配置的节水研究

4.1.1　用水户与政府博弈

用水户视角下的计划配置,与前面两章政府和供水户视角下的计划配置研究侧重点不一样,第二章主要研究计划配置给政府带来作用的同时会导致各级政府间的委托代理成本高、政府配置效率低等问题;第三章主要研究供水户作为中间商供水模式,计划配置中供水户与政府博弈带来的问题,以及计划配置中供水户模式选择,供水户视角下计划配置作用。而本章节主要研究计划配置中用水户与政府、供水户之间的博弈带来的问题,计划配置对用水户的作用和用水户需要注意的问题。

本章首先对用水户进行阐述和分类。用水户从不同角度看,其分类不一样,具有比较广泛的含义。用水户从产业看,分为农业、工业、第三产业等;从流域看,分为上游、中游、下游,各游之间又分不同区域;从用途看,分为生产、生活、生态等;从地域看,分为城市、农村,城乡又分不同区域。无论是直供模式中的政府与用水户计划配置,还是中间商模式中的专业供水户与用水户计划配置,其前提都是在配置过程中需要知道用水户需水函数和排污权量,才能做出流域和区域水资源正确配置。但政府和供水户很难获取用水户的需水函数和排污权量,其手段往往是通过用水户申请和历史用水量来进行分配。用水户在申请完用水量和排污权量配额后,由于信息不对称,在流域和公共资源中又面临着是按要求取水和排污权量还是不按要求取水和排污权量两种选择。不难看出,这里不论是采取直供模式还是中间商模式,政府(供水户)同用水户之间都存在着如下博弈:政府有监督和不监督用水户申请、取水和排水行为;用水户有合理和不合理申请、取水和排污行为。假设政府(供水户)的监督成本为 C,用水户合理申请、取水和排污的成本为 P,政府对用水户不合理行为进行处罚,假设其罚款为 S。其中,α、β 分别为用水户合理申请、取水和排污概率,政府监督概率。其博弈结果具体如图 4-1 所示。

		用水户	
		合理	不合理
政府(供水户)	监督	$(-C, -P)$	$(S-C, -S-P)$
	不监督	$(0, -P)$	$(0, 0)$

图 4-1　政府(供水户)同用水户用水行为博弈

给定 α，则政府选择监督与不监督期望收益分别为：

$\psi_{政}(1,\alpha) = -C \times \alpha + (S - C) \times (1 - \alpha)$

$\psi_{政}(0,\alpha) = 0$

$\psi_{政}(1,\alpha) = \psi_{政}(0,\alpha) = 0$

则 $\alpha^* = (S - C)/S$

若用水户合理申请、取水和排污概率大于 $(S - C)/S$，政府才会不监督。要使得用水户概率大于 α^*，则需要加大对用水户行为惩罚力度，政府对其罚款数额 S 远高于其违规获益，同时政府向用水户传递其行为具有不可置疑的威胁。

给定 β，则用水户选择合理与不合理望收益分别为：

$\psi_{用}(\beta,1) = -P \times \beta + (-P) \times (1 - \beta)$

$\psi_{用}(\beta,0) = (-S - P) \times \beta$

$\psi_{用}(\beta,1) = \psi_{用}(\beta,0)$

则 $\beta^* = P/(P + S)$

若政府监督概率大于 $P/(P + S)$，用水户才会选择合理申请、取水和排污。要使得政府概率大于 β^*，同样也需要加大对用水户行为惩罚力度，政府对其罚款数额 S 要远高于治污成本，同时政府向用水户传递其行为具有不可置疑的威胁。这样政府在处于信息不对称情况下，才能约束用水户行为。

通过对政府（供水户）与用水户的用水行为博弈分析，不难看出计划配置下用水户具有违规申请、取水、排污的内在动力，只有当政府（供水户）传递给用水户加大监督力度、处罚力度等不可置疑的信息时，用水户用水行为才会变得合理，计划配置对用水户才会有效。

4.1.2 用水户视角下计划配置比较优势

在直供模式和中间商模式中,政府(供水户)计划配置对用水户有其他配置手段不能替代的作用。用水户视角下的计划配置在理论设计上具有以下优势:

(1)维护用水户之间的公平性。计划配置中,政府在理论上规范用水户的用水行为,即取水量和排污权量多少,虽然我们前面分析得知用水户与政府博弈会产生多申请、超额取水和排污权量等问题,但确保了所在区域每位用水户获得相应的用水量和排污权量,对弱势群体起到了保护,保证了社会公平。同时计划配置对弱势产业(农业)定额配水,防止了其他产业对其过多挤占,为其发展起到了保护作用,确保了产业间的公平。计划配置不单单是不同用水户或不同行业之间用水公平问题,代际间的用水问题在未来人缺位情况下如何解决,也可由政府部门成立专门水资源可持续发展委员会来参与其中决策,以解决代际人在用水过程中的缺位问题,维护好代际公平。

(2)增加用水户流域之间的协调性。从流域上中下游看,上下游用水户之间由于信息不完全、信息不对称等因素造成的高昂交易成本,使得供求力量不足以跨越空间障碍实现市场交割,必须由一定的组织来代表用水户的利益,在流域上下游之间建立协商机制。而流域地方政府是最有效的水权代表者,可以在较大程度上代表地区和用户的利益,最可能通过政治协商的方式和其他地方政府之间建立起一种组织成本较低的协商机制。也只有计划配置、政府协调能力、权威性,能确保上中下游用水户、不同区域间获得相应取水量和排污权量,而避免了上中下游、同区域不同地方争水、分配不均。

(3)保证用水户之间的平衡性。计划配置避免了用水户争夺水资源,产生上游用水多于中下游,靠近水源地用水多于远离水源地等现象,确保了用水户之间的平衡。在水资源紧张时,计划配置具有其他配置不具备的应急性,确保了用水户在特殊情况下拥有的水资源比较平衡。同时计划配置中,用水户获配用水量,在实际中,由于用水户用水需求的差异,会产生需水盈亏问题,需要用水户视角下其他配置来解决。但无论如何,计划配置静态平衡为其市场配置与用水户协会配置实现其动态平衡奠定了基础。

(4)稳定用水户的预期性。由于水资源具有很强的地域特点,流域内计划配置,需要政府的协调,区域内计划配置,需要供水户的运作。计划配置,对水资源进行系统规划,使得流域与区域用水户分配水量确定,稳定了用水户预期,为用水户以后的生活、生产等决策奠定了基础。用水户在计划配置完定额用水量和排污权量时,如出现不能满足其需求时,根据其状况,可以通过加大节水投入,节约用水或者市场交易获取水量和排污权量。

(5)满足了用水户资金、制度、技术等需求性。计划配置中,政府在节水投资渠道、资金保证等上具有明确性,政府或供水户为实现其计划配置顺利进行,必须建立其相应的水利设施和配套设施,而这部分资金是水利建设的重要来源。计划配置过程中,政府为了用水户计划配置顺利进行,必须建立好对用水户取水和排污权等相关制度。由政府出资支持对流域、区域等水资源相关研究,以及对用水户计划配置中节水设备的资金、技术投入的支持。

(6)满足了用水户的生态需求。政府在计划配置过程中,对用水户需求进行分类考虑,用水户用水需求除包括实体的生产、生活等外,还应包括生态用水。在配置过程中,由于用水户生态需求具有公共性,主体缺位会出现如图 4 -2 所示的情形:生产和生活用水需求曲线由 D_1 增加到 D_2,其用水量由 Q_1 增加到 Q_2,过多挤占生态用水,导致了生态水资源供给减少,由 S_1 减少到 S_2,打破了原来的生态平衡点,由原来的 Q 变为 Q^*。政府应对用水户生态需水量进行单独计划配置,确保其最低生态需水量;如用水户生态需水量 Q^* 低于其最低生态需水量,即用水户生态需求失衡必然带来其他需求状况变坏。

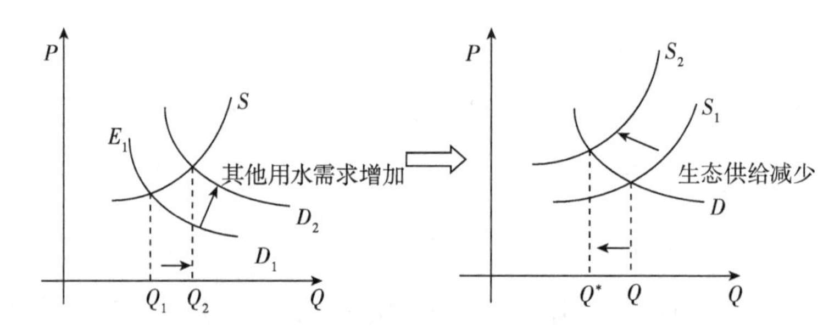

图 4 -2　其他用水需求增加带来生态用水变化

4.1.3　用水户视角下计划配置存在的问题

用水户视角下的计划配置除具有以上的比较优势外,同样由于计划配置本身或者信息不对称下用水户偏离设计的选择也会带来一些问题。主要表现在以下几个方面:

(1)政府(供水户)在计划配置过程中,用水户存在夸大申请用水需求和排污需求,在取水和排污过程中存在超额行为,在用水户之间存在着"囚徒困境",最终使得计划配置在用水户层面上效果大大受损,偏离了政府(供水户)水资源规划设计,使得水量紧张、水质恶化,这种状况在计划配置监督不足、激励和惩罚标准不高情形下会越发激烈。

(2)计划配置没有确立用水户主体地位,无论是直供模式还是中间商模式,政府(供水户)在计划配置过程中,都没有把用水户作为决策参与者,用水户只是被动接受政府与供水户配置,因此无法调动用水户积极性。用水户的用水意愿在政府与供水户计划配置中没有得到体现,用水户获配水量与其需求水量存在着不对等,从而难以实现水资源合理分配。更主要的是,在计划配置管理中,由于没有确立用水户主体地位,很多管理实践需要用水户配合和参与时,用水户缺少内在动力和积极性,使得计划配置效果大打折扣。

(3)计划配置中,政府与供水户同用水户之间存在着沟通断层,激励不足。用水户由于分散、规模小等特点,在用水需求和排污需求上同政府与供水户之间缺少沟通渠道,同时政府对其激励不足,执法成本和资金困难导致了很难对超额取水和排污权量的惩罚和按额取水和排污权量的激励。也就是在计划配置中政府与供水户同用水户之间没有建立起用水户利益表达渠道,信息交易始终是自上而下单流程,缺少对用水户的了解和激励。

(4)计划配置水源不能向用水户传递水资源稀缺性。由于用水户可以通过夸大申请,超额取水,随意排放等,获取大量水资源。有些是无偿获取,即使有偿获取,其水资源价格同其获取收益比较严重偏低。例如,我国农业水价占农业成本的份额只有3%左右,同国外比较严重偏低,这种状况导致了我国农业水资源利用率只有40%左右,只有国外发达国家的一半水平。所以,计划配置结果导致在用水户获取和处理水资源方式与成本上,无法向用水户传递水资源稀缺性和水质恶化程度。

(5)计划配置权力会引发用水户寻租。在流域中,不同区域用水户会向流域管理者寻租,同一区域的不同用水户会向其区域管理者寻租。由于水资源地域性,水资源寻租不同于其他方面,不会产生劣币驱逐良币现象，而会产生水资源“马太效应”，即在同一区域越富有人分配水资源越多，城市分配水资源大于农村。

(6)计划配置会抑制用水户节水自发投资。计划配置中，政府与供水户对其水利设施和配套设施进行投资，这种路径依赖会使用水户部分投资由于其政府与供水户计划配置受到抑制。计划配置中，政府对其具有收益性节水设施，根据其收益程度参股或完全交由用水户。

(7)计划配置作用到用水户层次过多。这导致了计划配置成本过高，效率不高。尤其是在用水户的末端管理和配水上，计划配置处于失控状态，对政府与供水户末端执行机构以及用水户行为都很难监督。

对于用水户视角下计划配置出现的问题，关键是要解决好用水户问题。具体可以通过外生变量和内生变量两个思路来解决。外生变量：在计划配置中，政府与供水户激励用水户确立其主体地位，规范政府与供水户行为等。例如，在流域配置中引入用水户参与决策，法国流域管理委员会中采取“三三制”的组织形式，由 100 多人组成，其中 1/3 是用户和专业协会代表，1/3 是地方当局代表(由市长等选举产生)，其余1/3是政府有关部门的代表(指派)，被称为“水议会”。这充分体现了法国水资源管理中决策的民主化和科学性。我国由于缺乏地方政府和用水者利益代表的参与管理，使涉及多个行政区域和用水户的水资源信息不畅通，用水户需求与政府决策交流不够，对用水户激励不足，难以建立起流域管理机构的权威。内生变量：运用市场机制，提高水资源价格，传递水资源稀缺性和水质恶化程度，对不同区域上下游用水户、同区域用水户水量盈亏进行水权交易，具体将在本章第二小节进行分析；建立用水户协会组织，解决了用水户计划和市场配置在末端管理不到位以及在用水户层面节水投资和交易组织缺失的问题，具体将在本章第三小节进行分析。

4.2 用水户视角下市场配置的节水研究

4.2.1 用水户视角下市场配置的影响因素

用水户视角下市场配置选择是因为计划配置在某些领域存在着对用水户的失灵,从这点来看,市场配置应是对计划配置的替代和补充,从而形成了用水户视角下的多元配置格局。本小节将对用水户视角下的市场配置发展会受到哪些因素影响,市场配置内容及其比较优势,用水户节水投入与水权市场关系等方面进行研究。

用水户视角下的市场配置受制于很多因素:第一,用水户之间不对等,如流域上中下游导致用水户资源禀赋不对等,区域经济差异导致用水户经济购买力不对等,产业状况导致用水户产业实力分布不对等,城乡二元经济结构导致用水户经济实力城乡差距,生态用水户市场代位缺失造成用水户间用途不对等,潜在用水户市场缺位造成用水户代际不对等。这种强势对弱势,规模对不规模,眼前对长远不对等往往会造成交易不对等。这种不对等会造成各类用水户对水资源评价不一致,即存在一方面评价过低导致了交易受损,另一方面评价过高导致了交易困难。第二,用水户交易外部性。由于水资源流动性,水权界定模糊,用水户的市场交易行为受制于其第三方影响,交易的外部性限制了交易规模,使得交易双方很难达成交易。同时交易的配套设施缺乏,量水、渠道、排污等设备都对交易造成了外部性。正负外部性都会导致交易双方收益不对称,和对第三方产生影响,交易行为会受到抑制,交易规模有限。第三,用水户交易成本、信息、渠道等限制了市场配置。市场配置阻力的大小来自于市场交易双方成本和交易信息量的大小，由于水资源的特殊性，具有流动性、水量不可预测性、水质不稳定性，交易双方面临的成本包括信息搜索成本、议价成本、交割成本、合同成本、配套成本等，当交易水量边际成本大于交易双方边际收益差时，其交易行为就会受到抑制。第四，水权界定不清，用水户在追求最优化配置时，会使得用水量增加，损害到其他用水户的利益，对市场配置会有影响。假设流域内有 n 个用水户，共同使用此流域水资源的水量，每个流域用水户都追求利益最大化，由于水权界定不清可以无成本地自由取用流域水资源水量。设 q_i 为第 i 个流域用水户的取水量，q 为 n 个流域用水户的用水总量，即 $q=\sum_{i=1}^{n}q_i$。用 f 代表用水户取用流域水资源而取得的单位收益，$f=f(q)$。

显然，随着用水量的增加，流域内每个用水户取用单位水量产生的效益将递减，即单位水资源边际效益递减，满足如下条件：$df/dq<0$；并假设用水户成本函数为：$c(q_i)=\alpha qi+\beta q_i^2, i=1,\cdots,n$。其中，$\alpha,\beta$ 为常数。

则任一用水户 i 的收益为：

$$\pi_i(q_1,\cdots,q_n)=q_i f(q)-(\alpha q_i+\beta q_i^2), i=1,\cdots,n \quad (4-1)$$

对任一用水户 i 收益的用水量 q_i 进行一阶求导得出：

$$d\pi_i/dq_i=f(q)+q_i f'(q)-\alpha-2\beta q_i, i=1,\cdots,n \quad (4-2)$$

由表达式(4－2)不难看出，用水户取水量受制于两方面，一方面为用水户取用单位水资源而产生的收益，另一方面为用水户取用单位流域水资源水量而使得所有之前的流域水资源水量的价值下降。

n 个一阶条件定义 $n(n>1)$ 个反应函数，由这 n 个反应函数可求得该博弈的纳什均衡解 $q^*=(q_1^*,\cdots,q_n^*)$。流域用水户的纳什均衡总取水量为：$q^* = \sum_{i=1}^{n} q_i^*$，将 n 个用水户一阶条件相加得出：

$$nf(q^*) + q^* f'(q^*) = n\alpha + 2\beta q^* \tag{4-3}$$

如果将流域用水户看成一个整体，其用水户采取合作博弈，社会最优的目标应该是使得全流域的净收益达到最大，即为：

$$\text{Max}\ \theta = qf(q) - n[\alpha(q/n) + \beta(q/n)^2] \tag{4-4}$$

对 θ 收益用水量进行一阶求导为：

$$\mathrm{d}\theta/\mathrm{d}q = f(q^{\&}) + q^{\&} f'(q^{\&}) - \alpha - 2\beta q^{\&} = 0 \tag{4-5}$$

从表达式(4－5)不难得出：

$$f(q^{\&}) + q^{\&} f'(q^{\&}) = \alpha + 2\beta q^{\&} \tag{4-6}$$

这里的 $q^{\&}$ 是社会最优的总取水量，也即为流域用水户处于完全合作状态时的最优总取水量。

将表达式(4－3)除以 n，由假设可知，其式子左边小于表达式(4－6)左边，从而不难证明 $q^* > q^{\&}$。由于水权没有界定清楚，其水资源被过度利用。由此不难看出，水权界定清楚对市场配置很关键。第五，排污权没有确定对用水户排污权市场配置也有影响。同样，排污权没有界定清楚，会导致同水权界定不清一样的问题，排污权量被用水户过度利用，导致了流域排污量大于用水户采取合作博弈时的排污量。

针对影响用水户市场配置出现的问题，需要做好以下措施：第一，政府做好对用水户间的协调，作为缺位者代理人参与市场交易；第二，对交易行为出现的外部性问题，由政府对交易外部性进行评价，做好对交易第三方的补偿；第三，政府加大对交易基础设施和交易信息渠道建立力度，减少用水户交易成本；第四，政府做好对初始水权、排污权界定，明确用水户初始水权量和排污权量。具体分析如图 4－3 所示。

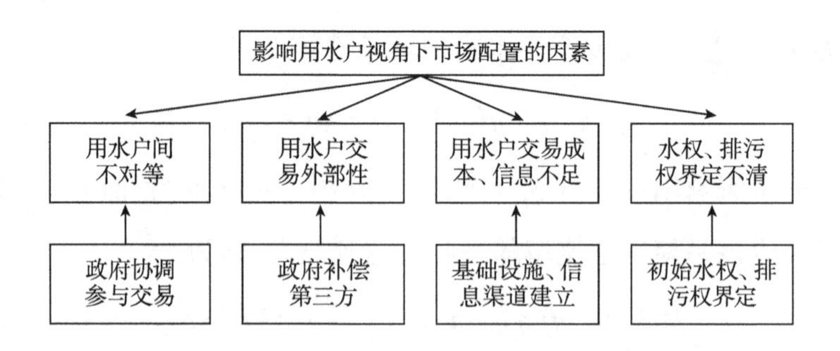

图4－3 影响用水户视角下市场配置的因素与解决方法

4.2.2 用水户视角下市场配置内容与比较优势

在解决好制约用水户视角下市场配置因素后，市场配置能够为用水户带来什么及其比较优势，是本小节所要研究的内容。用水户视角下市场配置内容包括：第一，建立用水户水权市场和排污权市场，水权转让价格、排污权转让价格作为用水户视角下的市场配置主要手段，水权转让信息、排污权转让信息系统作为用水户市场配置交易平台的基础。第二，用水户是政府以及供水户基于市场配置建立节水项目和中水项目的主要需求者，是节水项目和中水项目系统运转的主要参与者，针对节水项目和中水项目特点，用水户市场选择权是基于市场配置节水项目和中水项目成功实施的关键。第三，水权交易实现各类用水户水资源盈亏再平衡，用水户根据其需要进行决策，通过水权二、三级市场，实现区域间、产业间、个体用水户间水资源盈亏再平衡，实现水资源在用水户间的最优分布。第四，排污权交易市场平衡了各类用水户的排污需求，稳定了水质，还降低了用水户排污成本。如图4－4所示，在一定排污权量下，由于不同用水户间污染控制成本不一样，假设MPC_2为均衡价格，则用水户排污边际成本MPC_1大于均衡价格MPC_2就可以通过排污权交易市场购买，用水户排污边际成本MPC_3低于市场排污均衡价格，用水户就可以出售排污权量。购买则会引起排污权需求增加,可以把出售看作是排污权需求负增加,使得整个排污权量保持稳定。排污权量稳定的同时,各类用水户都可以通过排污权市场获益,在获益过程中,对水质保护也起到了积极作用。第五,用水户通过节水投入从市场配置中获取收益,用水户通过节约水量、排污权量,通过水权市场、排污权市场进行交易,赚取收益。用水户收益必然会带来用水户节水投入的加大,用水户节水投入行为一直持续到其边际收益与投入边际成本相等处。

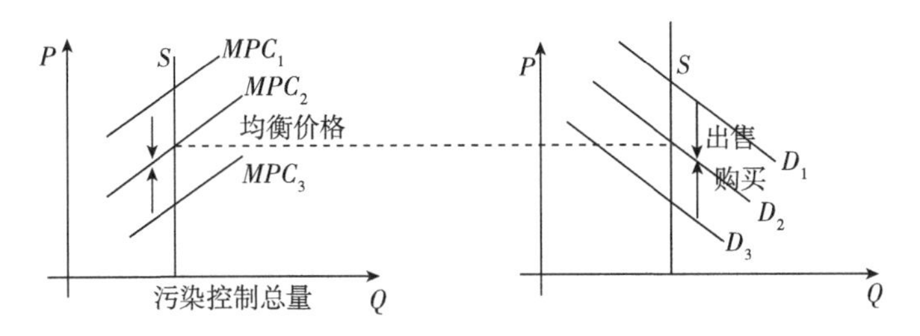

图 4-4 用水户排污权量交易

通过以上分析,不难发现用水户视角下的市场配置具有以下比较优势:第一,市场配置确立了用水户主体地位,用水户根据市场自主决策,激励了用水户节水积极性。市场配置激励一直持续不断地修正用水户行为,以达到其最优配置。这种激励具有内生动力,用水户完全可以根据市场价格信息、供给需求状况进行自我调节,寻求最佳节水路径,对用水户所需要信息也比计划配置少,配置成本也比较低。第二,市场配置向用水户传递了水资源的稀缺性、价值性,使用水户产生节水的内在动力。市场配置通过价格信号,向用水户传递水资源价值,水价不断上升反映水资源的稀缺性。水量和排污权量不足的用水户必须通过市场以一定价格获取,使得用水户在生产、生活等方面做好决策,从而达到用水户水资源利用最优,进而市场配置达到最优。第三,市场配置提高了用水户水资源整体利用效率,用水户通过水权市场、排污权市场进行交换,交换双方出于对水资源收益的评价,水资源流向边际效益较高的用水户中。这样的结果是,本来一部分闲置的水资源通过市场交易得到了利用,从而水资源整体利用效率也得到了提升。第四,市场配置稳定了用水户的水质预期,总排污权量事先制定好,用水户排污权量的盈亏,通过排污权市场,用水户按照自身的排污权量、治污成本对交易方式做出选择,这样做的结果是,排污总量得到了控制,水质得到了保护,通过交易用水户治污总成本下降了,尤其是市场配置,出现了专业治污供水户,用水户的选择使其发展良性循环。第五,市场配置提高了用水户节水意识,鼓励有节水潜力用水户多节水。水资源获取通过一定的水资源价格,价格信号向用水户传递了用水户通过自身节水可以少付水费或通过市场交易获取收益的信号。用水户考虑水资源机会成本,从而增强了用水户节水意识。第六,市场配置提高了用水户多层次用水需求。由于不同水质的水资源价格不一样,各类用水户面临着多层次选择,根据其自身状况,对水质要求程度不一,水质好的价格就高,水质低的价格就低,在价格信号传递下,对中水市场水资源需求会加大,从而促进节水项目的发展。

4.2.3 用水户视角下市场配置问题与解决办法

用水户视角下市场配置的内容带给用水户比较优势的同时,也会带来一些问题。主要表现在以下几个方面:第一,市场配置带来用水户水资源利用效率提高的同时,也会导致用水户之间配置的不公平,如产业、城乡、区域、个体间由于市场购买力不一样,出现了水资源配置不均。如农业水资源由于自身购买力弱、水资源转让潜在收益大于农业自身收益等原因,过多地流向工业和第三产业;城市由于水资源配套设施完善、购买力强等原因,人均水资源消耗大于农村;经济发达地区用水户水资源需求大、购买力强,水资源获取多于欠发达地区;购买力强的个体水资源获取多于购买力弱的个体。这种水资源市场配置使得弱势群体获得水资源较少,水资源缺少又限制了其自身发展,购买力相对变得更弱又会使得水资源获取更少,产生水资源“马太效应”,这种配置不公平性与水资源公共产品特性是不匹配的。第二,市场配置在生态、下代人用水户缺位的情况下,会出现生活、生产、当代人用水对生态用水、下代人用水的过多挤占。参与市场配置的主体是供水户和用水户,价格是其市场配置的主要手段,由于生态需求是公共需求,用水户个人需求主要是生产、生活需求。市场配置中用水户个人具有生态用水需求,由于用水户行动无法一致,即使在水资源紧缺情况下,个人理性会导致无人购买生态需求,从而使得个人生活、生产等经济需求挤占了生态需求。参与市场配置的主体是当代用水户,在市场配置中,由于水资源特性无法满足当代用水户需要。在水资源紧缺情况下,当代人市场配置在下代人缺位情况下会使得当前需求挤占未来需求,导致水资源发展出现不可持续,生态用水紧缺,水资源被过度开发等,从而造成生态危机、水危机。第三,市场配置会带来用水户水资源多目标冲突。水资源具有经济目标和非经济目标,市场配置是以价格为手段、经济效益为目标,而水资源非经济目标很难用价格完全反映,得不到正确评价,使得用水户水资源配置的经济目标就会挤占非经济目标。第四,用水户视角下的市场配置合理度把握。整个水资源配置是多元的,市场配置与计划配置综合带来配置合理度把握。市场配置就会带来计划配置不足。随着市场配置的深入,政府对水资源分配和节水投入过度借助于市场配置，从而产生计划配置不足，即带来政府对用水户水资源配置和节水制度、资金、技术供给不足。第五，在水资源稀缺情况下，市场配置会失效。市场配置有效性基于水资源供给与需求相对平衡，供给过少和供给过多都会引起市场配置失灵。在水资源稀缺情况下，市场配置导致水资源分配在用水户间失衡，对部分用水户基本需求造成了影响，会引起不必要水事争端，从而导致市场配置失灵。

用水户视角下市场配置出现的问题，是市场配置在发挥比较优势的同时带来的副作用，解决的办法不是否定市场配置和取代市场配置的基础作用，而是完善市场配置的同时，做好对市场配置的规范，政府与供水户要参与到市场配置中。具体的一些有针对性的方法如下：第一，针对用水户之间配置出现不公平的情况，可以通过政府对其进行修正，确保弱势用水户最低配水量。在市场配置中，由于市场配置会导致弱势用水户水量的不足，可由政府参与市场购买部分没有被利用的水量，如图 4 -5 所示，政府购买带来需求增加，使得交易价格上升，交易价格上升也会带来强势用水户需求量下降，从而使得用水户在政府介入下得到了平衡。第二，针对生态、下一代用水被过多挤占问题，从生态、下一代用水户缺位着手解决，政府作为生态、潜在用水户代位者，作为市场配置交易方，参与市场交易，从市场中购买来配置生态需水，并置留部分水资源，有利于实现水资源生态、代际平衡。第三，对用水户非经济目标，往往涉及水资源公共性和外部性，交由政府、供水户或用水户协会组织实施，水资源公共性发挥其政府与供水户权威作用、水资源外部性利用用水户协会的协同效应。第四，针对用水户节水投入，政府采取正确补贴措施，既不挤占市场用水户自发投资，也不引起市场配置后政府的节水投入不足。第五，市场配置跟水资源富裕程度相关，总体原则为:水资源强饱和时,不需要什么配置,都能满足用水户需求;水资源弱饱和时,需要对水资源进行多元配置;水资源趋于不饱和时,市场配置作用逐渐在政府指导下运作,水资源不饱和程度越大,其市场配置作用范围越小。

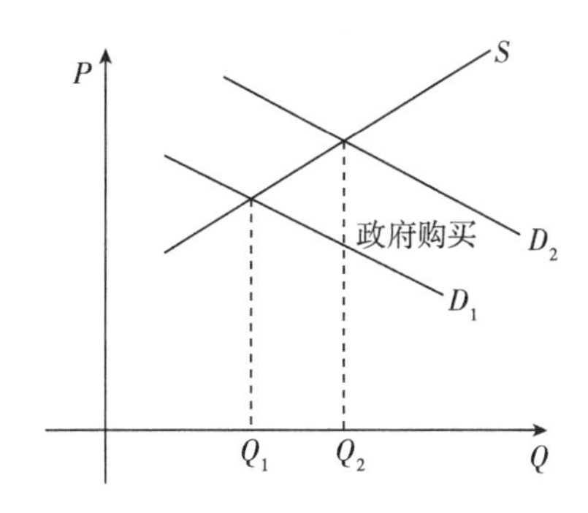

图4-5 政府购买给市场配置带来变化

4.3 用水户视角下用水户协会配置的节水研究

4.3.1 用水户视角下用水户协会配置的影响因素

前面两个小节我们分析了用水户视角下的计划配置和市场配置,计划配置与市场配置对用水户来说还存在着配置效率不高、配置不到位、配置不公平等问题,用水户视角下的用水户协会配置是对计划配置、市场配置存在问题与缺乏比较优势的地方进行的优化与替代,发挥用水户协会配置的作用与比较优势。本小节将首先分析用水户视角下影响用水户协会配置的因素,其次研究用水户协会配置会带给用水户什么,最后分析用水户协会配置的比较优势与存在的问题。

用水户视角下的用水户协会配置受制于很多因素影响,其对用水户协会配置作用能否发挥起到关键作用。其制约因素主要有如下几点:第一,用水户协会建立在用水户之间存在冲突,用水户协会自发建立存在困难。下面我们对两个用水户之间进行简单博弈分析,假设用水户 A 有建和不建两种选择,用水户 B 也有建和不建两种选择。同时,用水户协会建立需要成本,建好之后用水户协会的每个成员享有收益,其分摊到每个人的收益 R 是小于其建立需要成本 C,因为建立成本与收益分享是不对称的。用水户 A 在不清楚用水户 B 选择情况下,当用水户 B 选择建,其最优策略是不建;用水户 B 选择不建,其最优策略也是不建,因为建立成本归个人承担,收益归用水户协会所有成员。由此不难看出,由于 $R-C<0$,用水户 A 占优策略始终是不建,同样用水户 B 占优策略也是不建,其纳什均衡为(不建,不建)。具体如图 4-6 所示。第二,制度、资金、技术的供给情况。在制度上,政府对用水户协会建立制度没有明确的政策,在建立过程中需要大量审批、审查等手续,更没有针对用水户协会建立照顾性制度。制度供给与用水户协会需求相比存在不足。在资金上,用水户协会建立资金帮助比较少,除少量世行资助、政府资金外,没有专门针对用水户协会建立专项基金,尤其是用水户启动资金基金和运作费用来源。而靠用水户自身建立,其最优策略都是不建。仅靠用水户自发建立存在困难,所以政府在资金供给上存在不足。在技术上,没有专业的服务于一线的技术员对用水户在节水设备、组织运作等方面给予指导。光靠用水户自身建立存在着经验、技术能力上的不足。第三,水权市场交易发展程度。水权市场交易发展程度与用水户协会建立状况是成正比的。水权市场发展越完善越有必要建立用水户协会。在三级水权市场中用水户之间,用水户协会具有交易成本、信息等比较优势,用水户协会规模优势在同其他用水户交易时具有规模效应、议价能力。第四,用水户差异程度。用水户之间本身存

在着水资源分布不均的问题，用水户协会建立后统一安排获配水资源，会对其水资源分配较少的用水户在个人理性上产生消极作用，而如何规范其取水行为关系到用水户协会的良性发展。由于行政、水文等差异，农业用水户协会建立思路存在差异，有以水文为单位，带来村与村之间的差异冲突与协调问题，以及用水户协会领导选举等问题；有以行政村为单位，不同用水户协会对同一水文单位博弈，各用水户协会之间陷入"囚徒困境"，带来了对水文单位的割裂。第五，用水户协会自身管理状况。用水户协会管理水平发展状况也会影响用水户协会配置。在对外和对内中，用水户协会对用水户代表性能否覆盖到全体用水户利益，用水户协会内部管理能否起到对计划配置和市场配置的优化，都会影响到用水户协会配置作用的发挥。

		用水户A 建	用水户A 不建
用水户B	建	$(R-C, R-C)$	$(R-C, R)$
	不建	$(R, R-C)$	$(0, 0)$

图 4-6　用水户协会建设博弈

我们针对影响用水户视角下用水户协会配置的因素，提出了一些相应的办法：第一，政府与供水户应加大对用水户协会建设的力度。在制度上，给予支持和鼓励，加大加快审批、审查力度，取消一些障碍性政策，把对用水户协会建设作为农村、田间、基层水利管理突破口来抓；在技术上，由政府成立专门指导用水户协会发展的技术人员，服务于相应区域的用水户协会；在资金上，政府对用水户协会建立多渠道经费来源，成立对用水户协会启动资金、帮扶基金，并建立用水户协会运作费用自我筹集渠道，如水价收取等。也就是通过加大对用水户建立用水户协会资金专项补贴，减少用水户建立用水户协会成本，用水户之间的

"囚徒困境"博弈就会发生改变。假设有两个用水户,分别为用水户 A 和用水户 B,其建立用水户协会的成本分别为 C,政府的补贴为 C_0,具体博弈如图 4-7 所示。如果政府补贴的成本不足,使得用水户建立用水户协会的净收益 $R-(C-C_0)<0$,其博弈的结果为(不建,不建),因为不建是每个用水户的占优策略,如果 $R-(C-C_0)\geqslant 0$,这时需比较政府补贴成本同每个用水户建立用水户协会成本,如果政府补贴的成本大于每个用水户建立用水户协会的成本,即 $C_0>C$,此时建立用水户协会是每个用水户的占优策略,博弈结果为(建,建)。如果政府补贴的成本小于每个用水户建立用水户协会的成本,即 $C_0<C$,此时博弈结果为(建,不建),也就是说当有用水户选择建立时,其他人会"搭便车"选择不建,但最终结果是用水户协会建立起来。如果政府补贴的成本等于每个用水户建立用水户协会的成本,即 $C_0=C$,此时会出现三个博弈结果,但不管怎样用水户协会都会建立起来。由此不难看出,政府补贴成本会减少用水户成本,其博弈结果就会发生改变。第二,应明确按照水文单位建立用水户协会。原则应按照水文单位建立,协会领导与行政领导应该分开,上级政府主要负责同一水文单位不同行政单位协调,用水户协会领导由用水户协会成员民主选举。但需注意分开后如何获取地方政府支持。第三,注重市场配置与用水户协会配置同时推进,协调发展。节水管理的多元配置是相互影响制约的,市场配置不完善制约着用水户协会配置发展,用水户协会发展对市场配置也起促进作用。

		用水户A 建	用水户A 不建
用水户B	建	$R-(C-C_0)$, $R-(C-C_0)$	$R-(C-C_0)$, R
	不建	R, $R-(C-C_0)$	0, 0

图 4-7　在政府补贴下用水户协会建设博弈

4.3.2　用水户视角下用水户协会配置的内容

在解决好影响用水户协会配置的因素后,我们将进一步分析用水户协会配置的内容,其主要有对内和对外两大方面。下面做具体分析:第一,用水户协会的路径选择。用水户协会存在自上而下(政府、世行)和自下而上两种发展路径。用水户协会建立的必要条件是存在用水矛盾,现有管理模式效率低下,充分条件是群体间协调成本低,建立用水户协会收益大于成本,并且用水户协会效益优于没有建立。分析两种路径条件满足情况不难得出:自下而上路径很难建立。主要原因是充分条件不满足,由于水资源外部性带来的整体效益大于成本,而建立的成本往往大于个人效益,这就是现实中很少有完全自下而上的用水户协会的原因。但必要条件几乎都满足了,也就是说用水户具有建设用水户协会的内在动力;自上而下路径其必要条件和充分条件都满足。这就是目前用水户协会全部由政府和世行等推动建立的原因。这就要求政府(世行)作为推动方,应注重对其自下而上路径需求并进行补贴,协调好两种路径,兼顾两者优点达到效用最大化,从而形成用水户协会的多路径、自发性和引导性。第二,用水户协会配置的末端管理优化。在末级集体水资源管理和灌溉工程产权主体出现"缺位"情况下,必须要有新的管理组织解决原有体制不顺的问题,用水户协会正是对其的补充。从水资源管理宏观看,用水户协会是整个水资源管理的末端环节,是直接面向用水户并代表用水户的组织。在微观管理上,用水户协会末端管理体现在用水户作为主体的参与,对水利设施维护,对水资源分配量化,对水费收取,对个人水资源行为制约,对排水质量的监督,对水事争端的解决,对内部多余的和不足的水资源的协调，对用水户协会整体盈亏水资源的组织。各地区在县市一级水利主管部门针对用水户协会有组织有规划地成立管理监督小组，对其进行备案、组织管理和业务管理。用水户协会组织边界和规模要合理，边界和规模扩大会带来组织成本上升，各用水户之间协调难度加大。用水户协会在其建设中进行动态平衡调整，达到效益与成本比最佳规模。世行组建的用水户协会由于过于依赖世行的原则化要求，而丧失了结合本地区特点，从而没有达到预期的效果。政府组织对用水户协会领导进行培训。通过对协会成员示范宣传等手段，明确成员权利责任。政府可以把用水户水费收入作为对水利工程和配套设施建设的专项基金，用水户协会在管水时，考虑本地区的产业结构调整，把节水和产业结构调整结合起来，做到双赢。第三，用水户协会水权市场交易方。用水户多余和不足的水资源状况，在水权市场交易中，由于自身弱势地位，规模小没有议价能力，加上水资源流动性、外部性、水质不稳定性、水质标准等造成了交易成本与其交易收益不对称，很难达成交易。用水户协会作为用水户代表，把协会内用水户水量集中起来，具有一定规模，解决了交易中弱势地位问题，完成了单个用水户难以达成的交易。第四，用水户协会节水投资组织方。由于同一水文单位的用水户之间存在外部性，单个用水户投资收益很难完整分享，与其节水投入不相对称，无形之中抑制了用水户投资。用水户协会作为用水户代表，具备节水投资组织协调能力，把存在外部性的用水户组织起来进行共同投资，使用水户完整分享投入与收益。以上分析具体如图 4－8 所示。

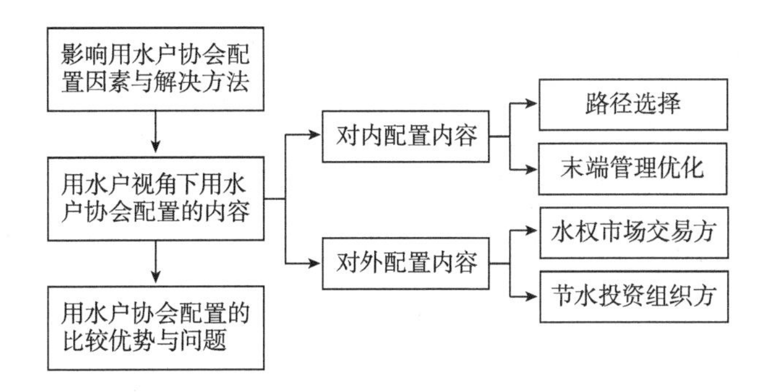

图4-8 用水户协会配置具体内容

4.3.3 用水户协会配置的比较优势及其问题

用水户协会配置的内容具体如下:第一,用水户协会配置节约用水户成员交易成本。交易成本节约主要来自于两个方面:一方面是用水户成员内部交易,通过协会内部用水户协调、信息优势,低成本解决了用水户成员水资源的内部盈亏;另一方面是交易成本节约还来自于用水户协会同水权市场交易时,由于用水户单个交易成本整合成用水户协会,省去了不少个人交易重复叠加成本,以及用水户协会配置规模效应带来成本优势。第二,用水户协会配置提高用水户议价能力。由于用水户成员通过集体交易,交易量的增加带来了规模效应,提高了单个用水户在交易过程中的议价能力,从而每个用水户协会成员享受到用水户协会由于规模增加,提高议价能力带来的溢价效应,使得收益增加。第三,用水户协会配置提高用水户间的协同效应。由于同一区域的用水户成员具有同质性,个体行为存在众多互补和重合。用水户协会的协同效应主要表现在两个方面:一方面是资源协同,用水户成员对基础资源可以共享,最大化利用现有资源;另一方面是行为学习协同,用水户成员之间在节水投入、灌溉行为、水权交易、节水学习等方面可以发挥用水户成员之间的协同效应。第四,用水户协会配置带来节水设备的合理利用。没有建立用水户协会,用水户之间博弈,一方面使得对水资源配置产生过度利用,导致了水资源不可持续发展;另一方面使得节水设备过于利用,疏于管理,导致了节水设备大多失去节水功能。用水户协会配置,使得成员之间的博弈从非合作博弈变为合作博弈,加强对水资源的管理和统一规划,增加对节水设备的管理和维护,发挥了节水设备的应用功能。第五,用水户协会配置激励了用水户参与管理积极性。用水户协会配置的优点是确立了用水户的主体地位,在决策过程中体现的用水户成员付出与其收益成正比,明确了用水户协会的责权利,以及规范用水户成员行为,减少计划配置中"搭便车"现象。第六,用水户协会配置具有信息、管理低成本优势。由于用水户协会成员处于同区域,时间的延续性,导致用水户成员之间信息比较对称。用水户协会管理中非制度约束对成员之间的影响比较大,非制度规范影响着每个用水户的行为,由于成员之间文化认同、关系紧密,提供了用水户协会在管理过程中的方便性。第七,用水户协会配置减少用水户成员之间的博弈成本。在没有形成组织之前,用水户成员之间博弈导致对节水投入不足的"搭便车"现象,对公共资源过度利用的"囚徒困境",造成了用水户之间博弈成本巨大,抑制了对节水的投入,对公共水资源过度提取和随意排放。用水户协会配置稳定了用水户成员预期,把用水户行为从非合作博弈转变为合作博弈,减少了用水户成员之间博弈带来的损失。

用水户协会配置具有比较优势的同时,用水户协会发展自身也存在一些问题:第一,非正式组织对用水户协会配置的影响。由于用水户成员同质性,关系紧密性,受到非正式制度影响存在很多非正式组织,这对用水户协会统一领导构成威胁,导致了用水户协会被架空,执行力得不到贯彻,用水户协会配置达不到预期效果。这就需要用水户协会对非正式组织进行正确的引导,非正式组织具有两面性,要发挥其积极的一面。第二,用水户协会配置配套设施不完善和系统不一致性。节水过程是一个系统过程,需要其节水系统配套设施同时建设,才能形成良性运转。在实践中,系统存在不一致性,有些地方配套建设落后于用水户协会总体建设,导致用水户协会配置的节水效果没有预期好。这就需要对用水户协会配置相关配套设施进行建设,形成良性循环。第三,用水户协会委托代理问题。用水户协会行使权力来自于双重委托,一是用水户委托,二是政府与供水户末端管理缺位的委托。因此,用水户协会作为用水农户的利益代表与农户之间构成利益上的委托代理关系,用水户协会作为末端管理代理者与上级政府(供水户)之间存在委托代理关系,面临着双重代理,代理角色错位使得用水户协会存在着道德风险问题,即用水户协会与上级政府(供水户)行为是否完全代表了用水户利益。这就需要理顺用水户协会职能,从用水户的需求和末端管理需要出发。第四,用水户协会配置的问题主要表现在运作过程中会有一系列的问题。微观上表现为:已建用水户协会运作不规范,设立机构边界划分不统一,有镇、行政村、水文边界等。日常运作不持续,没有常态化。职能失位,没有完全履行用水户协会的全部职能;末级渠系工程不配套,老化破损,计量设施不完善;部分协会工作人员素质教育低,业务水平差,协会运行管理等相关知识缺乏等等。宏观上表现为:①资金投入问题,没有建立多元化、多渠道、多层次的水利投资体系,导致配套设施供应不足,计量设施不完善,用水户之间“搭便车”现象产生,达不到真正节水的效果。所以,应建立田间工程建设投入机制,并制定法规明确协会的权责。②水价政策改革滞后对民办民管水利工程的水价实行同步改革。由于水价太低,致使农民不爱惜水、不在节水灌溉设备上投资;节水灌溉工程难以维修更新,老化失修、带病运行,节水效益日趋下降,走向恶性循环,这在一定程度上会阻碍用水户协会建设。③政府缺少对用水户协会的监督管理、组织管理和业务管理,使其应有的效果没有发挥出来。用水户协会的发展受制于以上限制,以至于其在全国还没有得到普及,已经开展的其发展可持续性也有待观察。

4.4 用水户视角下不同配置节水研究的比较

通过前面的分析不难得出,用水户视角下的多元配置都有其配置适用原则。在节水中,每个配置都以其比较优势作为其配置范围的依据,以其问题作为被其他配置完善和替代的依据。从计划配置用水户与政府(供水户)博弈中,我们看到了计划配置存在着用水户夸大用水申请,超额取水,过度排放等问题,计划配置还会导致用水户节水自发投资被抑制,会引发用水户寻租,不能向用水户传递水资源稀缺性,以及没有确立用水户主体地位,缺少激励。本章还进一步论述了政府计划配置在解决节水制度的公平性、流域协调性和平衡性,节水投资的资金、制度、技术以及生态保护上具有比较优势。

市场配置针对计划配置中存在的问题,从影响用水户视角下的市场配置因素分析,论述了市场配置在建立用水户水权市场和排污权交易市场,水权交易实现各类用水户水资源盈亏平衡,确立用水户主体地位,向用水户传递了水资源稀缺性,提高了用水户多层次用水需求用水户水资源利用效率、用水户节水意识,稳定了用水户的水质预期上具有比较优势。但市场配置也会带来问题,如对生态用水、下代人用水过多挤占,用水户之间配置的不公平,以致用水户水资源多目标冲突。需要解决的交易成本、交易外部性等问题,则需要借助于其他配置手段。

用水户协会配置针对市场配置和计划配置中存在的问题,从影响用水户视角下用水户协会配置的因素分析,论述了用水户协会配置在用水户协会的路径选择,用水户协会配置的末端管理优化,用水户协会水权市场交易方,用水户协会节水投资组织方。用水户协会配置具有节约交易成本,提高用水户议价能力,提高用水户间的协同效应,合理利用节水设备,减少用水户成员之间的博弈成本,用水户协会配置具有信息、管理低成本的比较优势。但用水户协会配置也会带来问题,如非正式组织对用水户协会配置的影响,用水户协会配置配套设施不完善和系统不一致性,用水户协会双重委托代理协调问题。用水户协会配置的问题还主要表现在运作过程中一系列的宏观微观问题。

4.5 本章小结

本章从用水户视角出发,首先分析了用水户与政府(供水户)之间的博弈,计划配置的比较优势以及存在问题;其次分析了影响市场配置的因素,市场配置的内容和比较优势,及其市场配置存在的问题和解决方法;最后分析了影响用水户协会配置的因素,用水户协会配置的内容和比较优势,及其用水户协会配置存在问题。

本章主要结论:用水户视角下计划配置在解决用水户用水的公平性、流域协调性和平衡性,用水户节水投资的资金、制度、技术以及生态保护上具有比较优势。市场配置确立了用水户的主体地位,向用水户传递了水资源稀缺性的信号,提高了用水户多层次用水需求和水资源利用效率。用水户协会配置具有节约交易成本,提高用水户议价能力,提高用水户间的协同效应,合理利用节水设备,减少用水户成员之间的博弈成本。

本章创新点:①从用水户视角系统论述了影响市场配置和用水户协会配置的因素;②系统论述了用水户视角下计划、市场和用水户协会配置的内容、比较优势和存在问题。

第五章　多元视角下不同配置手段节水研究的统一

前面三个章节我们分别论述了政府、供水户和用水户不同视角下计划、市场和用水户协会节水配置的内容、优缺点和应注意的问题等，由此对于单一视角参与者应如何运用不同配置手段进行水资源合理配置从而达到节水目的，有了全面的了解。但在现实中，由于政府节水配置行为往往会考虑供水户和用水户行为对其影响，供水户和用水户节水行为往往考虑政府行为，以及供水户与用水户之间也会考虑对其双方影响。正是由于存在不同视角参与者会考虑其他参与者的行为，这就需要对不同视角参与者进行统一。其中，供水户和用水户节水行为考虑政府行为其实质就是计划配置对其影响，这在前面已经做了分析。而供水户和用水户之间的影响则受制于供水户的类型，其一类归于用水户视角下供水户为主体的水权市场、市场供给方和供水户视角下用水户为主体的水权市场、市场需求方，其实质就是用水户和供水户视角下市场配置，这一类在前面已经做了分析。另一类归于用水户视角下的政府（供水户）和政府（供水户）视角下的用水户，用水户视角下的政府（供水户）其实质是计划配置对其影响，这在前面也已经做了分析，而这类供水户视角下的用水户可归为政府视角下的用水户。综合上面的分析，本章对于多元视角的统一就是在政府框架下多角度的统一。这符合中央"一号文件"、《"十三五"水资源规划》的要求,有利于发挥公共财政对水利发展的保障作用,形成政府社会协同治水兴水合力。

5.1 政府视角下不同配置手段的节水研究

由于前面第二章节已经对政府视角下不同配置手段的内容、优缺点和应注意的问题做了分析,得出了政府视角下不同配置手段的内容和比较优势,但没有系统地理清其作用范围和作用机理,使得多元视角下不同配置手段的理论框架缺乏完善体系。另一方面同样是计划、市场和用水户协会配置,但不同视角下同样的配置手段其作用范围和作用机理不同,如政府视角下计划配置侧重于政府计划配置的优化,供水户视角下计划配置侧重于政府同供水户之间的制度安排。本章正是基于上面分析的基础上进一步理清在政府框架下多元视角不同配置手段的作用范围和作用机理,以及同样配置的不同视角下作用范围和作用机理的不同。本小节首先论述政府视角下计划配置、市场配置和用水户协会配置作用范围和作用机理。

政府视角下计划配置的作用范围和作用机理体现在水平方向和垂直方向两个角度的融合。第一,水平方向表现在国家、流域以及区域等所在层面的水资源规划、制度、标准制定,垂直方向表现在从区域、流域和国家三个层面制定统一的水资源规划,区域服从流域,流域服从国家,形成统一、完整、有效的水资源规划。水平方向各级政府制定节水制度和节水标准,垂直方向区域政府、流域政府以及国家制度和标准,在国家层面上兼容,各区域、流域从其实情出发,进一步完善、提高节水制度和节水标准,从而形成各层面完善系统的节水制度和节水标准。作用机理通过自下而上规划来进行总体控制,并通过制度标准约束和规范参与者。第二,表现在各级政府所在层面资金、技术、信息等,水平方向各级政府为保证节水顺利进行,达到预期节水效果,需强化各级政府主体在资金、技术方面的投入。垂直方向完善和沟通各级政府主体以及相关参与者之间的信息,建立信息沟通渠道确保计划配置执行效果。作用机理通过计划配置渠道建设,对资金、技术、信息等进行投入。第三,各级政府所在层面参与方的水资源分配,通过各级政府作为其利益代表,具有较强的协调性,从而优化水资源分配,垂直方向表现在流域水资源总量在区域之间的分配,确保相对公平。分配配置与生产力的不匹配可由水平方向解决。水平方向具体措施有流域之间利用不同省份之间的经济产出差异,总体表现为多产出下游省区补贴上游省区,加大上游省区节水投入。区域之间不同地区之间补贴,水资源不足地区补贴水资源充足地区,加大其节水投入。作用机理通过政府依据生产力强制分配,各级之间补贴有节水潜力地方并进行置换。第四,各级政府水资源计划配置实施科层组织委托代理关系优化。水平方向表现在各级政府部门委托代理关系优化,把节水相关业务整合到独立部门,解决多部门的委托代理关系,节水中的水质管理水利主管部门与环保部门应明确分工和协调交接点。垂直方向表现在各级间的监督,预防道德风险出现配置不合理的现象。作用机理运用科层制单一领导原则和委托代理激励机制。

政府视角下市场配置的作用范围:政府需要做的就是完善要素、规范制度、建立市场。具体包括以下几个方面:第一,政府需完善市场要素,利用市场机制发挥市场配置优势,首先必须完善市场要素,才能形成真正的市场,预防伪市场的出现。确保参与主体平等地位的确立,尤其是供给方培育引导和市场自主选择相结合,达到竞争要素基本要求。

第二,规范市场行为制度建设。市场,尤其是竞争不完全不充分的市场,水权、排污权和节水项目的市场会偏离预期设计方向,出现市场自身难以克服困难,即市场失灵。这就需要政府做好市场规范制度建设,预防市场选择结果发生偏离,向不好方向发展。第三,政府建立水权、排污权交易市场,做好一级市场水权、排污权初始分配工作,为水权交易二级、三级市场奠定基础。建立越级市场回购激励制度,形成水质水量激励良性循环。政府对交易市场基础性建设,如第三方、渠道设施、信息渠道等。对部分交易进行事前评估、事中监督、事后评价。政府视角下市场配置的作用机理体现在对计划、用水户协会配置比较优势上,政府健全和规范市场要素和制度建设,是利用市场参与主体自主决策(信息优势),市场的价格机制、竞争机制、供给需求机制合理引导,达到降低配置成本、提高配置效率。

政府视角下用水户协会配置的作用范围:政府需要做的就是确保用水户协会配置发挥其俱乐部配置优势基础性工作,其配置原理交由用水户协会自身。具体包括以下几个方面:第一,政府利用用水户协会实现其各项政策目标,计划配置中水资源分配、管理、交易等,用水户利益没有得到表达,政府政策与用水户之间缺少沟通,这就需要政府在制度和渠道建设上能够表达其利益。通过确立用水户协会参与主体利益渠道表达,用水户协会作为水资源管理委员会参与者,建立用水户利益表达渠道,政府视角下用水户利益在用水户协会配置下得到表达,用水户利益渠道表达的过程也是政府利用用水户协会实现其政策目标的过程。第二,政府在政策、资金、技术等方面完善用水户协会功能,用水户协会建设发展离不开政府政策的支持和引导,用水户协会运作离不开资金帮助和技术支持,政府通过自上而下或自下而上两种方式进行支持,当然政府对其支持同时应确保用水户协会决策的独立性和自主性。政府视角下用水户协会配置的作用机理体现在对计划配置、市场配置比较优势上,政府从渠道、制度、资金、技术上给予保障,满足需求增加供给,利用用水户协会同质性、方便性、主体性等,与政府进行协调管理,完善用水户利益表达渠道。以上分析具体如图5－1所示。

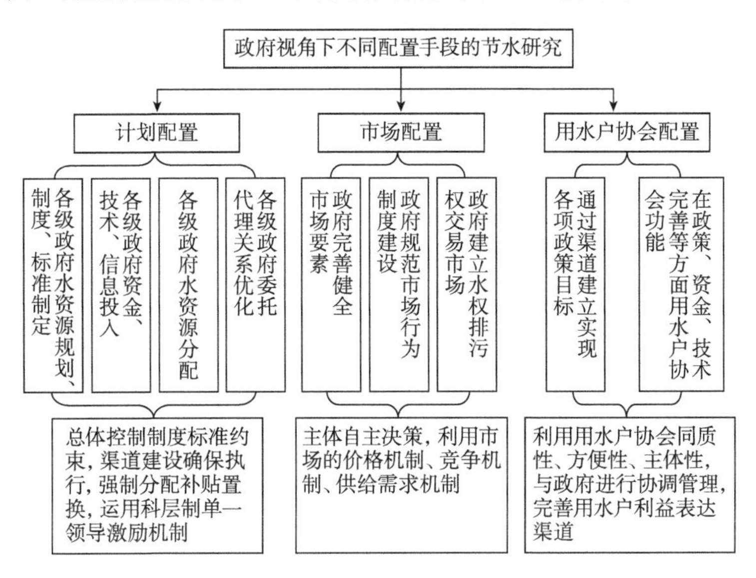

图5－1　政府视角下不同配置手段的作用范围和作用机理

5.2　基于政府框架下供水户不同配置手段的节水研究

前一小节论述了不同视角融合最终统一在政府框架下,以及政府视角下不同配置手段的作用范围和作用机理,本小节将论述基于政府框架下供水户计划配置、市场配置和用水户协会配置的作用范围和作用机理,以及与政府视角下同样配置作用范围和作用机理的不同。

基于政府框架下供水户计划配置的作用范围,基于政府能够为供水户计划配置带来什么作为出发点。具体包括以下几个方面:第一,政府对供水户提供政策、资金、技术等方面支持,供水户计划配置是政府在某些方面运用公司化运作方式完成政府计划配置所需要完成的内容。这就需要政府对供水户各方面给予支持,解决对供水户激励不足问题,确保供水户计划配置顺利进行。第二,政府计划配置与供水户计划配置两者效率比,部分由供水户计划配置进行取代,其取代方式为供水户成为区域、水利设施管理载体,不难看出基于政府框架下供水户计划配置是对政府计划配置的部分取代,但离不开政府对其在政策、制度、技术、资金等方面的支持。第三,政府规范和监督供水户,供水户在计划配置过程,尤其面临多目标协调时具有显性挤占隐性的机会主义倾向,这就需要政府部门监督管理,同时在制度和机制上预防供水户与政府之间寻租,供水户本身官僚倾向,政府应建立供水户退出机制。基于政府框架下供水户计划配置的作用机理体现在同完全政府计划配置比较优势上,政府利用供水户公司化运作方式,机制灵活,以及供水户作为专业化分工产物提供专业服务。

基于政府框架下供水户市场配置的作用范围,基于政府能够为供水户市场配置带来什么作为出发点。具体包括以下几个方面:第一,政府引入和培育供水户数量,政府在政策上对节水市场放开,鼓励更多企业从事节水服务,在资金上把供水户节约量同政府资金补贴额联系起来,尤其重点补贴单纯靠供水户不会投资节水项目,从而增加节水供给。第二,政府培育具有盈利节水项目,如污水处理、分质供水的中水市场,形成多层次供水市场。这些项目具有显性和隐性作用,如果其隐性作用没有得到合理定价,市场就不会有大量供给者,只能靠政府提供。对节水项目进行合理定价,达到社会正常盈利水平,市场供水户自然会增加,而且是这其内生动力。第三,政府应规范供水户市场供水行为。

由于供水户具有内在盈利需求和偏好，需要政府对其行为进行市场化规范。在供水上，规定各行业用水基本需求；在水价上，实行双轨制，补贴弱势对象；在水权交易市场上，政府建立水权平抑基金，稳定水权交易价格。基于政府框架下供水户市场配置的作用机理体现在同计划配置和用水户协会配置的比较优势上，政府利用市场竞争机制、供水户自身竞争退出机制来提高供水服务水平。同时通过政府适度提高节水项目补贴，市场逐利性必然会促使自发增加供给。

基于政府框架下供水户下用水户协会配置的作用范围，基于为什么需要用水户协会配置和政府能够为供水户下用水户协会配置带来什么作为出发点。具体包括以下几个方面：第一，政府建立用水户协会监督供水户制度。由于用水户分散众多，尤其是农业用水户，其很难制约供水户，同时政府监督供水户的成本和不连续，这就需要政府建立用水户协会来监督供水户制度。一方面可以减轻政府监督压力，另一方面可以平等用水户和供水户关系。第二，供水户利用用水户协会优势，规范用水户行为，减少协调成本、交易成本，同时用水户协会也便于供水户节水项目的管理。当然，这需要政府从政策、制度上保证用水户协会公正有效，能切实有效代表用水户利益。基于政府框架下供水户、用水户协会配置的作用机理体现在同计划配置和市场配置的比较优势上，利用用水户协会作为被服务对象对供水户“用脚投票”机制来约束供水户，同时用水户协会协调机制也有利于减少供水户成本。以上分析具体如图5－2所示。

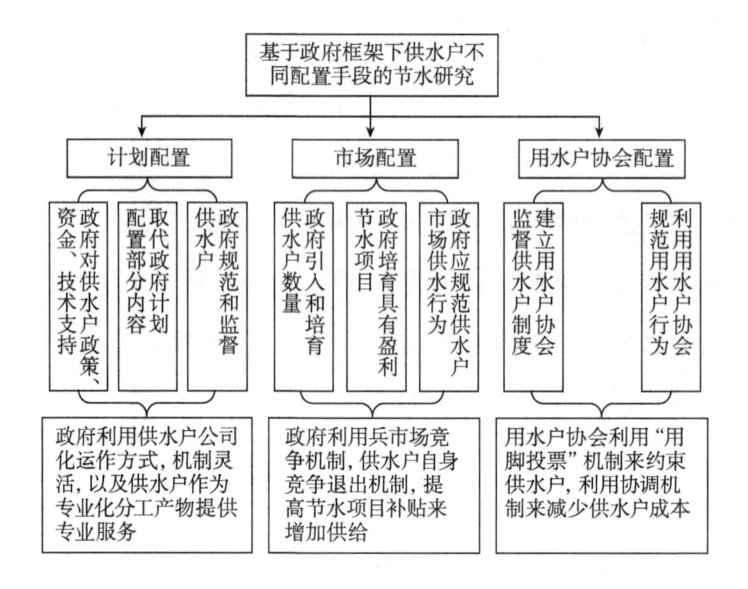

图 5－2　基于政府框架下供水户不同配置手段的作用范围和作用机理

5.3　基于政府框架下用水户不同配置手段的节水研究

通过前面两个小节的分析，不难看出供水户不同配置手段均离不开政府，同时比较政府和供水户两个视角，得出同样配置手段不同视角下作用范围和作用机理不同。本小节将继续论述基于政府框架下用水户计划配置、市场配置和用水户协会配置的作用范围和作用机理，以及与政府、供水户视角下同样配置作用范围和作用机理的不同。

基于政府框架下用水户计划配置的作用范围，基于政府计划配置能够为用水户带来什么作为出发点。具体包括以下几个方面：第一，计划配置完成了流域间、流域内用水户用水需求，通过对流域和区域用水户协调和补贴，各级用水户获取与生产力相匹配的水资源数量。通过用水户申请取水明确了用水户需求，对用水户通过节水投入获取更多水资源有了预期。但政府计划配置权力会引发用水户寻租，需要从制度上监督规范其权力。第二,计划配置确保了主体不一用水户之间和同类用水户之间的公平性。由于用水户之间差异,完全市场配置会产生配置不公,如代际用水户缺位、弱势产业用水户购买力不足、生态用水户效益隐性等。政府计划配置能够公平服务于各类用水户以及同类用水户中的弱势群体,但不能向用水户传递水资源稀缺性。这就需要政府计划配置在数量上的逐年递减约束。第三,政府计划配置为用水户节水在政策、资金、技术上带来支持。用水户节水具有外部性,一旦这些外部性得不到评价,用水户节水投入不足,挤占了本应投入而没有投入的节水项目,政府为了鼓励用水户加大节水投入,于是在各方面给予用水户支持,这样用水户节水产量就会增加。基于政府框架下用水户计划配置的作用机理体现在计划配置渠道执行力确保了用水户用水需求,计划配置流域间和流域内政府政治协商,明确了用水户节水预期。政府补贴外部性拓展了用水户节水需求。

基于政府框架下用水户市场配置的作用范围,基于用水户为什么需要市场配置和政府能够为用水户市场配置带来什么作为出发点。具体包括以下几个方面:第一,政府建立水权、排污权市场和供水户利用市场机制提供的节水项目,都是用水户市场配置的范围,政府利用市场规则确保用水户与供水户,以及用水户与政府对等,在制度建设上保证用水户作为消费方(需求者)的主体地位和自主参与权利,但主体不一的用水户和同类用水户之间,由于代位缺失、购买力不足会产生配置不足,这就需要政府代位成为市场的用水户参与交易来保证弱势用水户基本需求。第二,政府完成用水户市场配置基础性建设工作。政府培育水权、排污权市场或运用市场机制解决节水,首先要解决好水权、排污权市场用水户水权界定。其次,要建立和引导用水户多层次用水需求,在政策制度上激励用水户,关键是与供水户多层次供水市场满足需求相匹配,形成循环和互补。最后,要解决好用水户市场配置外部性问题,加大节水设施基础建设。第三,政府制度保障市场配置用水户地位。市场配置确立了用水户可以自发参与,即在水权、排污权市场或运用市场机制运作节水项目中用水户可以自主选择,不但提高了水资源配置效率,稳定了水质预期,还向用水户传递了水资源稀缺性。这样,在提高水价的同时,政府可以加大对弱势用水户其他方面的补贴,并从制度上为由于用水户主体不一引致的市场配置不公提供保障。基于政府框架下用水户市场配置的作用机理体现在同计划配置和用水户协会配置的比较优势上,政府利用多层次市场满足用水户差异需求,价格机制和用水户自主选择的内生动力和政府交叉补贴的外生动力,提高水资源利用率。

基于政府框架下用水户下用水户协会配置的作用范围,基于为什么需要用水户协会配置和政府能够为用水户下用水户协会配置带来什么作为出发点。具体包括以下几个方面:第一,用水户之间和用水户同供水户之间交易,单纯由用水户来完成,由于交易成本压缩了用水户之间的交易量,同供水户交易由于处于交易弱势方,没有议价能力。用水户协会配置节约了用水户之间的博弈和交易成本,减少了用水户与供水户之间的交易、博弈和管理成本。第二,政府支持和配套好用水户协会发展,确立用水户主体地位,用水资源末端管理,用水户协会能较好管理、监督用水户的用水行为。作为水权交易参与方,用水户协会壮大其实力,当然用水户协会的发展和建立注重用水户差异和水权市场发展程度。基于政府框架下用水户下用水户协会配置的作用机理体现在同计划配置和市场配置的比较优势上,利用用水户协会协同效应,做到内部优化;用水户协会整体效应,做到外部优化。以上分析具体如图5-3所示。

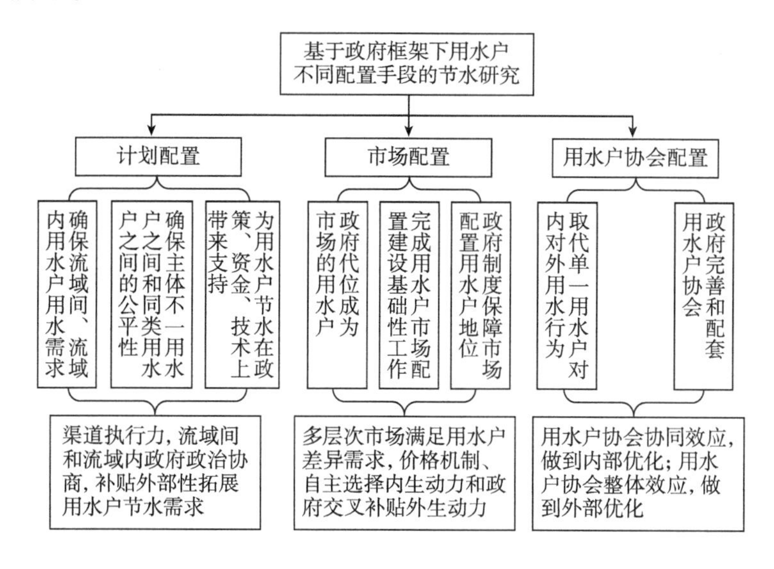

图5-3 基于政府框架下用水户不同配置手段的作用范围和作用机理

5.4 基于政府框架下多元视角不同配置手段的统一

通过前面的分析不难得出多元视角下不同配置统一于政府框架下,当然不是说统一政府框架下是对其他不同视角的否定,只是不同视角的最终落脚点在政府,这也符合节水实践。2011年中央“一号文件”明确了政府的水资源管理主导地位,其内涵包括两个方面:第一,水资源管理考虑水资源参与者各方利益;第二,水资源管理参与各方离不开政府,政府在管理理论和实践上具有主导地位。本研究将多元视角统一于政府框架下,为政府的管理决策提供了更全面的维度。同样的配置不同视角下其作用范围和作用机理不一样,得出了基于政府框架下不同视角不同配置手段的九种配置类型,这在前面三小节已经做了分析。加上前面三章的分析，不难得出完整的基于政府框架下多元视角不同配置手段的节水理论基础，具体如表5－1和图5－4所示。需要注意的是：第一，供水户、用水户视角统一于政府框架下，是基于供水户、用水户视角下不同配置手段作用的发挥离不开政府，也就是说政府能为其提供帮助，而不是用政府视角去取代供水户和用水户。第二，水资源合理配置，往往是基于计划配置、市场配置和用水户协会配置三者综合，三者综合是有原则的，水资源管理不同层次计划配置和市场配置可以共存，互为主次，存在着在不同层次之间的替代和相同层次的完善，依据其配置手段效率。同一层次计划配置和市场配置需要确立主次。而用水户协会配置往往同计划配置或市场配置同时出现，作为计划配置或市场配置的重要补充，这一点不同于计划配置与市场配置在不同层次间的替代关系。

表5－1　多元视角下不同配置手段的节水研究

配置手段 / 视角	计划配置	市场配置	用水户协会配置
政府	2.1章节	2.2章节	2.3章节
供水户	3.1章节	3.2章节	3.3章节
用水户	4.1章节	4.2章节	4.3章节

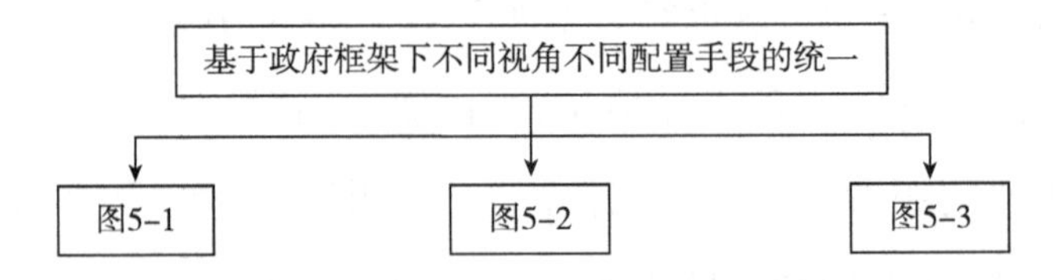

图5－4　基于政府框架下多元视角不同配置手段的节水作用范围和作用机理

5.5 本章小结

多元视角不同配置手段的节水研究,从水资源优化配置参与者和最终落脚点看都跟政府有关。统一不同视角于政府框架下,进一步理清在政府框架下供水户和用水户不同视角计划、市场和用水户协会不同配置手段水资源配置的作用范围和作用机理,及其同样配置不同视角作用范围和作用机理的不同,为水资源合理配置提供理论框架基础,这也形成了本章的主要结论。

本章创新点:多元视角统一于政府框架下进行不同视角综合,从而形成了多元视角下不同配置手段节水研究的完整理论框架体系。

第六章　多元视角下不同配置手段的农业节水实证研究

在我国用水总量中,农业用水所占比重最大。据我国水资源公报,2016年全国总用水量6040亿立方米,农业用水量为3768亿立方米,占用水总量的62.4%。2016年全国用水消耗总量3192亿立方米,其中农业耗水占74.5%,但全国农业用水利用率只有46%左右,而发达国家农业用水利用率可达80%以上。部分地区灌溉单位用水量偏高,水田达到每亩1500立方米,仍存在大水漫灌现象。不难看出相比先进国家节水水平,我国农业用水总量较大、利用水平较低,具有较大的节水潜力。而2016年农田灌溉用水3240亿立方米,占农业用水总量的86.0%,不难看出农业节水的关键是农田灌溉节水。通过图6-1从中就不难看出,1996—2016年全国总用水量缓慢增长,农业用水量绝对值呈现先缓慢下降后趋于稳定的态势。但随着经济增长,工业、第三产业、生态等用水需求增长,与总用水量趋于稳定之间形成了矛盾。既要保证农业用水,又要保证经济增长,节水潜力只能来自于农业,这种节水还不是单纯的农业用水量减少,因为18亿亩耕地最低需求需要保障,而是农业用水效率提高带来的用水量节约。针对农业水资源利用等问题,2011年中央"一号文件"明确了农田灌溉水有效利用系数提高到0.55以上,突出加强农田水利等薄弱环节建设,并从土地出让收益中提取10%用于农田水利建设。这也是本章节在研究了多元视角下不同配置手段节水后,将以上研究理论应用到农业节水之中,进行实证研究的原因所在。本章节将重点研究其多元视角下不同配置手段如何影响农业节水。下面将从政府、供水户和用水户这个不同视角以及在不同视角中围绕政府作为多元视角统一的落脚点来系统地探讨农业节水问题,从中建立农业节水经济模型,并在此基础上分析农业节水与工业节水之间的关系,以及存在的博弈,最后得出国家的投资、政府制定合理的水价制度、政府对水权市场的规范建立和用水户协会建立是农业节水问题的关键。

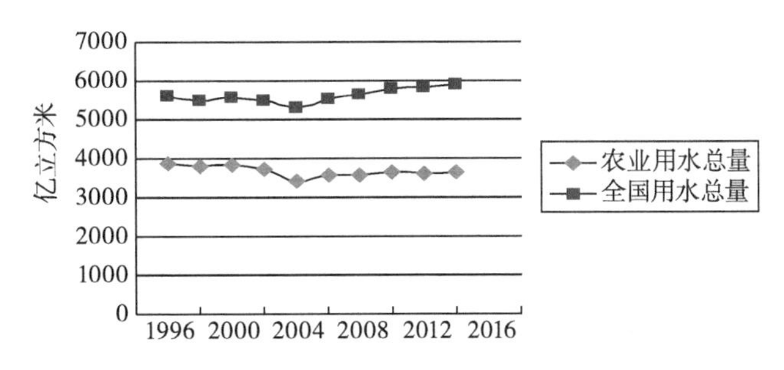

图6-1　1996—2016年全国用水总量与农业用水总量比较

6.1　政府视角下农业节水实证研究

农业节水问题是一个复杂的系统的问题,它涉及政府、供水户和用水户这三者之间的关系,需要运用计划、市场和用水户协会三种配置手段综合配置来应对。我们知道其三种配置手段不是完全替代关系,计划配置和市场配置都需要用水户协会配置进行完善,其功能才能发挥。尤其是面对众多农户时,农业用水户协会更是至关重要的。本小节的研究思路是政府在农业节水中进行计划配置和市场配置所面临的净收益及其比较。

6.1.1 政府视角下的计划配置对农业节水研究

本小节站在政府角度考虑其农业用水计划配置。首先需要解决两方面问题才能完善计划配置:一是完善各项节水政策制度。制度供给不足是农业用水效率不高的一个重要原因。这就需要从政策上激励、制度上规范农业用水户。二是农业节水管理是否到位。由于计划配置委托代理层次过多,农业用水属于最末端的代理层,存在着监督管理不足的问题。这就需要成立农业用水户协会对其进行末端管理。这在前面理论章节中已经分析过,用水户协会配置与计划配置、市场配置是共生关系,是其计划配置、市场配置的重要补充和完善。对于为什么需要用水户协会配置这个问题我们将在本章第三小节专门证明,这里假设政府计划配置和市场配置都已建立好用水户协会。

政府视角下计划配置的收益和成本是什么,因为政府具体收益和成本很难进行数值计算,下面我们主要通过替代和模拟等手段进行估算。收益来自于政府经济效益 Y_1,主要是通过计划配置用水户获配水后所取得收益,把用水户用水获取收益体现在政府计划配置的经济收益,用水户用水获取收益占用水户收益一定比例 α,政府经济收益估算为 $\alpha(P_{农} \times Q_{农} - P_{水} \times Q_{水})$。政府社会效益 Y_2,主要是政府计划配置避免了其他产业对农业用水的挤占,平衡了产业间用水,确保了农业用水得到保证,其收益为 Y_{21},确保农业用水户公平获取用水而避免了用水不均带来的矛盾,农户整体公平收益为 Y_{22}。其测算通过计算模拟不同情形下用水分配后农业、农户产生收益多少,计划配置同市场配置的差值即为计划配置的社会收益;成本来自于政府经济成本 C_1,主要是政府计划配置所需要组织成本 C_{11}、管理成本包括协调成本 C_{12}、监督成本 C_{13}。

可以通过计划配置政府人员支出来估算,农业用水占其一定比例。政府社会成本 C_2,主要是政府计划配置确保公平同时损害了用水户用水效率,盈水导致利用效率不足损失 C_{21},缺水导致生产不足损失 C_{22}。其测算只有通过模拟不同情形下用水效率会产生收益多少,市场配置同计划配置的差值即为计划配置的效率损失。从中不难得出,政府视角下农业用水计划配置净收益为:

$$Y_{计} = Y_1 + Y_2 - C_1 - C_2 \tag{6-1}$$

表达式(6-1)还可以表达为:

$$Y_{计} = \alpha(P_{农} \times Q_{农} - P_{水} \times Q_{水}) + (Y_{21} + Y_{22}) - (C_{11} + C_{12} + C_{13}) - (C_{21} + C_{22}) \tag{6-2}$$

从表达式(6-2)不难看出,这里没有考虑政府视角下计划配置对农业外部性收益与成本的影响,假设其对农业外部性收益和成本的影响为0。同时,由于农业用水是个系统问题,各影响因素不完全独立,存在着相互关联,其收益和成本存在关联计算,但对整体分析不构成影响。这里对各因素关联计算对政府净收益的影响不做考虑。

政府农业用水计划配置净收益表达式(6-2)第一项 $\alpha(P_{农} \times Q_{农} - P_{水} \times Q_{水})$。农产品产量取决于用水量,用水量增加使得用水户产品收益增加。只有超过一定水量时,产品收益才会下降(第二章已对此做了详细分析)。如增加水量的农产品带来的收益大于水价和新增用水量乘积时,即水价过低会带来用水量增加去满足农产品收益而不是注重用水量节约和节水投入,所以政府计划配置收益第一项导致用水户在水价过低时不会进行用水量节约。同样在水价过低时,节水投入大于水价和用水量乘积时,对节水投入的经济激励作用为0。政府农业用水计划配置过程中面临着稳定用水户收益和节约用水量的矛盾,政府通过农产品收购保护价解决农产品价格与产量的矛盾，通过水价上涨解决节水投入不足问题。水价上涨可由政府提高农产品最低收购价和交叉补贴，如提高对种植面积、种子、化肥等补贴来解决水价上涨使农户收益减少的问题。

政府农业用水计划配置净收益表达式（6－2）第二项（$Y_{21}+Y_{22}$）。首先由于政府计划配置确保各行业用水份额，防止高收益产业对农业过多挤占，使得农业用水得到了保证，对整个农业生产起到了积极作用，其收益通过农业生产不同保证率测算出来，也就是在水资源总量一定情况下，对各个产业设置不同的供水保证率进行模拟计算，计算其计划配置对农业的最大保证率与完全竞争市场下保证率的收益差值，因为对农业保证率不足必然影响到其他行业。其次，对农业各类用水户公平分配，确保各类用水户用水收益，减少了不必要的水事纠纷、用水矛盾，其收益很难通过现实样本去计算，因为现实情况受制于路径依赖，不可以随意改变分配参数进行计算，但可以通过模拟不同分配状况，计算其计划配置对用水户最优化分配与市场配置下用水户交易下不同产业、用水户收益，通过计划配置、市场配置对弱势产业、群体收益差值来进行测算。

政府农业用水计划配置净收益表达式（6－2）第三项（$C_{11}+C_{12}+C_{13}$）。政府农业用水计划配置过程中的配置成本，即组织成本、管理成本（管理中的协调成本）、监督成本由于其交叉性很难独立核算，可以通过政府工作人员工资、农业水利支出、其他相关方面支出来进行核算。由于政府配置包括了工业、第三产业、生态等其他配置，在现实中很难精确到每项配置所占比例，只能剔除其所占比例和相应权重，从而测算出农业用水计划配置成本。

政府农业用水计划配置净收益表达式(6－2)第四项($C_{21}+C_{22}$)。政府农业用水计划配置对效率造成的损失成本,其核算可以模拟同一地区进行完善的水权市场配置以后用水量多少与用水量获取收益,同计划配置用水量多少与用水量获取收益进行比较。其差值就是计划配置对效率造成的损失成本。

从中不难看出,政府计划配置整体净收益很难通过数据来计算,只能通过替代、模拟等方法来测算。但对计划配置中如何提高收益减少成本,其方法可以归纳为:第一,提高水价,加大交叉补贴,从而不增加农户负担;第二,加大制度创新,确保18亿亩耕地农业用水保证率;第三,政府计划配置管理变革,政府建立农业用水户协会以减少成本;第四,确保计划配置过程的公平,减少不必要摩擦成本。

政府农业用水计划配置节水研究主要涉及农业节水设施投资问题,主要包括农业节水设施建设投资、管理方式选择这两方面。农业节水设施建设投资,政府主要考虑节水设施的综合效益,主要有社会效益如用水量减少带来节水收益,经济效益如用水量减少了成本支出、用水效率提高了农作物产出等,其他效益如其他用水户外部收益、生态收益等。当综合效益的评价大于其投资成本时,政府就应投资节水设施的建设,这是政府投资农业节水设施决策的依据之一。其二,农业用水户自身无法完成,需要政府(政府补贴供水户)来完成,如农田灌溉水网设施、节水管道等基础配套。

以上分析了政府对农业节水投资决策,政府投资实施可通过政府自身投资来完成,也可通过对供水户、用水户补贴来完成。这样政府投资便涉及供水户和用水户两者之间的利益,要平衡好两者之间的利益,关键是处理好政府补贴方式,即是从源头上补贴供水户还是从末端上补贴用水户。当国家补贴供水户进行农业节水设施建设投资时，水权市场的建立显得尤为重要。因为在没有水权水量限制下，对用水户来说，用水一直到水的边际价值生产力为0；当国家补贴用水户进行农业节水设施建设投资时，水价制度的建立就显得尤为重要。因为在水价一定情况下，供水户的收益主要取决于用水量。从上不难看出，由于节水工程具有正的外部性，国家必须对其进行投资。在选择对节水设施投入补贴方式时应综合考虑，并做好相关配套建设。

农业节水设施管理模式选择，政府要比较其自身管理与租赁、拍卖给第三方收益成本。政府自身管理收益来自于水费收益 $Y_{水}$，成本包括对水利设施管理成本 C_3，对其管理的监督成本 C_4，对水费收缴成本 C_5；租赁、拍卖给第三方，政府面临收益来自于转让或租赁收益 $Y_{转}$，水费分成收益 $\beta Y_{水}(0<\beta<1)$。政府面临补贴成本 $C_{补}$，根据其水利设施收益性确定，收益性越大，政府对第三方补贴成本越小。当收益性满足了水利设施良性运行时，政府补贴成本为0；当收益性较弱时，政府对第三方补贴成本 $C_{补}$ 等于水利设施现状同良性运行的差值。从中不难看出，政府自身管理净收益为：

$$Y_{自}=Y_{水}-C_3-C_4-C_5 \tag{6-3}$$

政府租赁、拍卖方式给第三方管理时，政府净收益为：

$$Y_{租}=Y_{转}+\beta Y_{水}-C_{补} \tag{6-4}$$

在节水设施具有较好盈利时，政府补贴给第三方成本 $C_{补}$ 为0，政府完全可以通过调节 β，使得：

$$Y_{转}+\beta Y_{水}>Y_{水}-C_3-C_4-C_5 \tag{6-5}$$

当水利设施不具备较好盈利模式时，政府租赁、拍卖方式给第三方。使得租赁、拍卖方式给第三方政府净收益大于政府自身管理净收益的条件则为：

$$C_3 + C_4 + C_5 - C_{补} > (1-\beta) Y_{水} - Y_{转} \tag{6-6}$$

政府面临成本与政府补贴成本差值大于政府收益与第三方收益差值时，政府完全可以调节其补贴成本和分成收益、转让收益来满足第三方管理。

当水利设施不具备任何盈利时，这时第三方收益为0，说明水利设施公共性较强，很难定价。其补贴成本全来自于政府，第三方管理同样面临着管理成本、监督成本等问题，这时应由政府自身进行管理。

6.1.2 政府视角下的市场配置对农业节水研究

通过对农业用水计划配置分析，得出其面临着众多农业用水户政府管理、组织、协调成本较高，也面临着计划配置的效率损失成本，这种损失进而会影响到农业用水户收益，使得政府净收益很低，在农业用水户决策对象较多时净收益甚至可能为负。站在政府角度上，必然寻求新的配置手段来解决农业用水配置问题。政府视角下的市场配置在此基础上应运而生，市场配置主要是建立水权市场，水权市场的建立至少有四个方面的意义：第一，清晰的水权使公共物品变成私人物品；第二，水权的界定具有量的有限性；第三，政府引导用水户参与水资源的管理；第四，赋予水权一定的经济价值。

本小节主要分析农业用水市场配置给政府带来的收益和成本是什么，因为政府具体收益和成本很难进行数值计算，主要通过替代和模拟等手段进行估算。这里对市场配置收益和成本进行分析，主要是为了说明市场配置和计划配置相比具有哪些比较优势。收益来自于政府经济收益 Y_1^*，主要是通过市场配置用水户获配水后所取得收益，通过水权交易后用水户用水收益占用水户收益一定比例 α 来体现政府市场配置经济收益，即为 $\alpha(P_{农}^{*}\times Q_{农}^{*}-P_{水}^{*}\times Q_{水}^{*})$。政府社会效益 Y_{2}^{*}，主要是政府通过市场配置节约大量水资源而产生的两方面收益。一个是市场配置节约大量农业用水对其他产业发展起到部分促进作用，据水利部估计每年因缺水导致经济损失达到2000亿元以上，其收益为 Y_{21}^{*}；另一个是市场配置节约大量农业用水对生态环境起到保护作用，其收益为 Y_{22}^{*}。成本来自于政府经济成本 C_{1}^{*}，主要是政府市场配置所需要组织成本 C_{11}^{*}、监督成本 C_{12}^{*}；政府社会成本 C_{2}^{*}，主要是政府计划配置确保效率的同时损害了用水户用水公平，对部分购买力差的用水户造成了损失 C_{21}^{*}、用水矛盾引发的损失 C_{22}^{*}。从中不难得出，政府视角下农业用水市场配置净收益为：

$$Y_{市}=Y_{1}^{*}+Y_{2}^{*}-C_{1}^{*}-C_{2}^{*} \tag{6-7}$$

表达式(6－7)还可以表达为：

$$Y_{市}=\alpha(P_{农}^{*}\times Q_{农}^{*}-P_{水}^{*}\times Q_{水}^{*})+(Y_{21}^{*}+Y_{22}^{*})-(C_{11}^{*}+C_{12}^{*})-(C_{21}^{*}+C_{22}^{*}) \tag{6-8}$$

从表达式(6－8)不难看出，这里没有考虑政府视角下市场配置对农业外部性收益与成本的影响，假设其对农业外部性收益和成本的影响为0。同时，由于农业用水是个系统问题，各影响因素不完全独立，存在着相互关联，其收益和成本存在关联计算，但对整体分析不构成影响。这里对各因素关联计算对政府净收益的影响不做考虑。

表达式(6－8)第一项 $\alpha(P_{农}^{*}\times Q_{农}^{*}-P_{水}^{*}\times Q_{水}^{*})$，其中由于水权市场交易下农业内部用水户需求得到了满足，不同用水户之间得到了平衡，导致了农产品总体的产出 $Q_{农}^{*}$ 大于计划配置时农产品的产出 $Q_{农}$。在水权市场价格经济激励下，市场配置水权转让交易下使得农业用水量 $Q_{水}^{*}$

小于计划配置时用水量 $Q_{水}$。因为计划配置很难激励农业用水户节水，也没有解决农业用水户收益问题，也就不存在经济激励。这里假设市场配置的水价 $P_{水}^{*}$ 和农产品的价格 $P_{农}^{*}$ 与计划配置的水价 $P_{水}$ 和农产品价格 $P_{农}$ 相同，其所占比例 α 也相同。从中不难得出：

$$\alpha(P_{农}^{*} \times Q_{农}^{*} - P_{水}^{*} \times Q_{水}^{*}) > \alpha(P_{农} \times Q_{农} - P_{水} \times Q_{水}) \quad (6-9)$$

表达式(6-8)第二项($Y_{21}^{*} + Y_{22}^{*}$)，其中，一方面市场配置导致农业用水户多余用水量，或者通过节水投入产生用水量。增加的农业节约用水量，通过水权市场交易对其他产业发展起到了促进作用。其可以通过农业转移用水量与工业和第三产业所占份额，及其平均产值加权来核算，其收益明显大于计划配置没有水权交易时的收益。另一方面是对水资源涵养及其生态保护。由于农业用水节约减少对水资源承载力和生态平衡破坏，其核算面临两个难题，一是水资源承载力和生态保护如何核算问题，二是农业用水节约所占比重确立问题。其核算思路也只能模拟水资源生态破坏造成损失，与影响其损失因素，估算出损失值，就是其没有受损时应有的社会收益。其收益大于政府计划配置时的社会收益。当然，市场配置需要通过双轨制，确保农业用水户基本用水量，解决对公平的损害。从中不难得出：

$$(Y_{21}^{*} + Y_{22}^{*}) > (Y_{21} + Y_{22}) \quad (6-10)$$

表达式(6-8)第三项($C_{11}^{*} + C_{12}^{*}$)。政府农业用水市场配置过程中的配置成本，其核算可以通过政府建立水权市场工作人员工资、水权市场配套支出、其他相关方面支出来进行核算。由于政府市场配置包括了工业、生活、生态等其他配置，在现实中很难精确到每项配置所占比例，只能剔除其所占比例和相应的权重，从而测算出农业用水市场配置成本。市场配置时政府只需制定好水权市场规则，建立水权交易中心，并做好交易监督和组织，交易选择、过程由交易双方完成。其成本远小于政府计划配置时所需政府组织机构成本、对用水户管理协调成本，以及对其取用水监督成本。相应水资源管理机构、管理人员要比计划配置要少。从中不难得出：

$$(C_{11}^{*}+C_{12}^{*})<(C_{11}+C_{12}+C_{13}) \tag{6-11}$$

表达式(6－8)第四项$(C_{21}^{*}+C_{22}^{*})$。政府市场配置社会成本，造成对购买力差的用水户农业生产损失和一些由于不公平引发的水事纠纷损失。水事纠纷的损失很难根据数据计算，通过对市场配置下农业和弱势用水户收益与计划配置下农业和弱势用水户收益测算，其差值即为市场配置面临的社会成本。但这些损失同样可以通过前面论述的建立水权市场双轨制、保证农业用水户基本需求等措施解决，从而避免购买力差用水户生产损失和不必要水事纠纷。其成本明显小于计划配置用水效率不足导致的社会成本，因为水资源利用效率在各行业、各用水户间存在差异。从中不难得出：

$$(C_{21}^{*}+C_{22}^{*})<(C_{21}+C_{22}) \tag{6-12}$$

本小节通过对两种配置都与用水户协会配置是共生的基本假设，进行了政府视角下计划和市场不同配置，所面临收益和成本实证模拟分析和比较研究。政府视角下市场配置的收益比计划配置的大，所面临的成本又比计划配置的小。在面临众多农业用水户决策对象时，市场配置净收益明显大于计划配置净收益，证明了政府建立水权市场的必要性。需要注意的是，以上说的是在农业用水具体问题上，市场配置比计划配置有效。不是说计划配置就没有作用，只是作用域、作用对象不同。这与前面的理论分析是一致的，农业用水问题越具体，决策对象越分散，市场配置越有效。同时以上假设基于水权市场是有效的和完善的,这里离不开前面几个章节对水权市场建立的理论分析。并在市场配置中引入双轨制以及保证农业、农业用水户基本需求基础上,才使得其成本小于单纯计划配置。

6.2　供水户视角下农业节水实证研究

供水户视角下农业节水,由于农业节水存在地域性,具有潜在的营利性模式和协调成本小,属于政府部分放开和完全放开的领域。由第三章分析不难得出供水户引入代替政府直接配置具有比较优势,会降低其政府计划配置或市场配置成本,供水户专业化分工会带来效率改进和服务提高。本节第一部分将分析供水户中间商的引入,计划配置和市场配置下农业水资源参与者用水行为,以及不同配置效率。第二部分将分析供水户引入农业节水中,政府补贴,水价改革、计费方式改革和水权市场建立对供水户节水投入的影响。

6.2.1　供水户中间商农业节水研究

在农业节水中,供水户引入具有明显的双重性,在农业节水中供水户受政府决策影响,同时也受用水户选择影响。供水户取代政府在农业用水部分配置,是基于供水户作为专业化分工带来的效率改进和降低政府配置成本,如“供水公司 + 农户”模式。在计划配置和市场配置中,供水户中间商农业节水行为具有双层决策特性,一层为政府和供水户,一层为供水户和用水户。在这双层决策中,供水户连接着政府和用水户这两端。在混合机制下,二层决策系统是分层管理的,各层决策者依次做出决策,下层服从上层,但下层有相当的自主权。

农业水资源配置中政府的目标是平衡水资源配置以及监督供水户

对农业用水对象的公平配置，供水户的目标是执行政府的配置意图，但具有追求收益倾向，农业用水户的目标是用水获取农业生产收益最大。供水户的目标受制于政府监督，也就是说供水户具有偏离其目标的内在动力，这就是双层决策特性。用水户的目标受制于供水户配水额，也就是说用水户节水投入和购买数量多少取决于配水额影响。各层的决策变量为水资源量。政府决策变量为政府授权给供水户分配水量 Q_1，同时受供水户分配给农业用水户用水量 Q_{11} 和用水户需水量 q_i 和配水量 w_i 的影响，这里的 Q_{11} 变量的大小，由政府监督水平决定，政府监督强，供水户严格执行农业用水户与其他用水户用水比例，政府监督弱，供水户具有降低农业用水户配置水量偏好；供水户决策变量为提供给农业用水户用水量 Q_{11}，同时受政府授权给供水户分配水量 Q_1 和用水户需水量 q_i 和配水量 w_i 的影响；用水户决策变量为需水量 q_i 和配水量 w_i，同时受政府授权给供水户分配水量 Q_1 和供水户分配给农业用水量 Q_{11}的影响。这里不同的是，计划配置中，用水户只能通过节水投入来获得水量；而市场配置中，用水户还可以通过水权交易来获取水量。水价之间的关系：政府授权给供水户配水权，政府委托供水户收取水价，供水户从中获取一部分。也就是说，现实层面农业、工业、第三产业等水价是政府和供水户拥有，也可以理解为本模型政府授权给供水户水价 $p_{供}$，就是政府获取那部分现实层面的水价，所以其水价最低。同时农业水价低于工业、第三产业等水价。农业水权转让水价 $p_{转}$ 介于农业水价 $p_{农}$ 和工业水价 $p_{工}$ 之间，则水价之间的关系为 $p_{供} < p_{农} < p_{转} < p_{工}$。

本模型结构假设为政府、单个供水户和 n 个农业用水户，政府通过低价授权给供水户一部分水量，供水户根据授权水量将其配置给各用水户，供水户行为受制于政府决策和其监督水平。在计划配置中，农业用水户不能通过水权市场水资源转让解决水量盈亏问题,但可以根据配水量决定自己的节水量投入。在市场配置中,农业用水户可以选择是购买水量还是节水投入。本模型假设是按照用水量而不是面积收取水费。可供分配水资源总量为 Q,政府授权给供水户水量为 Q_1,政府用于其他用水户以及生态等水量为 Q_2,其中 $Q = Q_1 + Q_2$。政府收益:一是来自于其他用水户以及生态的收益 $H(Q_2)$,是其本模型的外生变量。在生态、社会收益预期提高情况下,其配置给生态、公益和其他用水户水量 Q_2 会随着人们对其预期评价的提高而增加。二是授权给供水户的部分转让收益 S,主要为一些水利设施;三是水费收益,转让给供水户获取收益 $p_{供} Q_1$,$p_{供} < p_{农}$。政府成本主要来自于补贴供水户节水投入、运营困难 $T_{供}$,还有补贴用水户节水投入的政府支出 $T_{用}$,以及监督成本 C。供水户配置涉及政府授权水量 Q_1 配置问题。供水户配置给农业用水户用水量为 Q_{11},配置给工业和其他用水户用水量为 Q_{12},其中 $Q_1 = Q_{11} + Q_{12}$。供水户收益来自于水费收益和政府补贴 $T_{供}$,农业水价为 $p_{农}$,工业、第三产业等其他水价为 $p_{工}$,并且 $p_{工} > p_{农}$。供水户成本来自于获取水量水费支出 $p_{供} Q_1$,水利设施获取的转让支出 S。农业用水户真实需水量为 q_i,配水量为 w_i,对于单个用水户而言,$q_i < w_i$,则不需要节水投入。农业用水户收益来自于通过用水获取农业生产收益 $f_i(q_i)$,节水投入政府补贴 $T_{用}$,每个用水户补贴服从均匀分布。成本来自于农业用水户水费支出 pw_i,以及 $q_i > w_i$,农业用水户的节水投入 $g_i(q_i - w_i)$。在市场配置下存在着水权交易,用水户节水投入与市场购买取决于其投入与购买面临不同成本比较,假设节水投入所占比例为 δ $(0 \leqslant \delta \leqslant 1)$。

在计划配置没有水权市场情况下,不难得出用水户净收益为:

$$Y_{用}=\begin{cases} f_i(q_i)+\dfrac{1}{n}T_{用}-p_{农}q_i & q_i<w_i \\ f_i(q_i)+\dfrac{1}{n}T_{用}-p_{农}w_i-g_i(q_i-w_i) & q_i\geqslant w_i \end{cases} \tag{6-13}$$

在市场配置有水权市场情况下，不难得出用水户净收益为：

$$Y_{用}=f_i(q_i)+\frac{1}{n}T_{用}-p_{农}w_i-\delta g_i(q_i-w_i)-(1-\delta)p_{转}(q_i-w_i) \tag{6-14}$$

供水户净收益为：

$$Y_{供}=p_{农}Q_{11}+p_{工}Q_{12}+T_{供}-S-p_{供}Q_1$$

其表达式也可以表述为：

$$Y_{供}=p_{农}Q_{11}+p_{工}(Q_1-Q_{11})+T_{供}-S-p_{供}Q_1 \tag{6-15}$$

政府净收益为：

$$Y_{政}=H(Q-Q_1)+S+p_{供}Q_1-T_{供}-T_{用}-C \tag{6-16}$$

其中，$\sum_{i=1}^{n}wi=Q_{11}$，$Q_1=Q_{11}+Q_{12}$，$Q=Q_1+Q_2$。

如表达式(6－13)、(6－14)、(6－15)和(6－16)所示：其决策变量分别为 q_i、w_i、Q_{11} 和 Q_1。假设其各类价格和补贴为其常量。农业用水户决策变量是其供水户的配水量与其需水量的差值，供水户决策变量是政府授权水量中用于农业配置的水量。政府决策变量是其政府授权供水户水量。不能看出，政府、供水户和用水户具有分层决策相互影响。政府通过其控制的决策变量 Q_1 来影响供水户分配水量 Q_{11}，农业用水户通过其分配水量和需求水量的差值 q_i-w_i 选择影响其供水户分配水量 Q_{11}。政府决策必然影响到供水户决策。供水户决策必然影响到用水户选择。

下面简单分析通过引入供水户中间商后相关水资源参与者的用水

行为。

对表达式(6－16)的转让给供水户水量最优化一阶条件，不难得出：

$$\frac{\mathrm{d}Y_{政}}{\mathrm{d}Q_1}=p_{供}-H'(Q-Q_1) \tag{6－17}$$

从表达式(6－17)不难看出，转让给供水户水量在转让价格不变情况下随着生态、社会收益、可持续发展和代际需求增加而减少。政府转让水量减少，必然要求用水利用率提高，此时只有将假设条件 $T_{供}$ 和 $T_{用}$ 做一改变，即将对供水户 $T_{供}$ 和用水户 $T_{用}$ 的补贴同供水和用水行为结合起来，使其成为补贴变量，才会提高农业用水利用率。

对表达式(6－15)配置给农业用水最优化一阶条件，不难得出：

$$\frac{\mathrm{d}Y_{供}}{\mathrm{d}Q_{11}}=(p_{农}-p_{工}) \tag{6－18}$$

从表达式(6－18)不难看出，在确定完政府授权给供水户水量为 Q_1 时，在农业水价低于工业水价时，供水户按照政府意图配置，其收益是递减的。也就是说，在政府监督不足下，在配置中供水户具有减少农业用水配置的内在动力。此时可以将假设条件 $T_{供}$ 同配水量联系起来，使其 Q_{11} 成为 $T_{供}$ 的变量，则表达式(6－18)转让给供水户水量就会增加。利用对农业供水量换取政府补贴的做法来削弱供水户减少农业用水配置的内在动力。

从用水户自身来看，当需水量小于配水量时，在计划配置下不存在节水行为，因为多余水量无处出清，这里只存在需水量大于配水量，其差值就是节水量。通过对表达式(6－13)最优化一阶条件，不难得出：

$$\frac{\mathrm{d}Y_{用}}{\mathrm{d}q_i}=f_i'(q_i)-g_i'(q_i-w_i) \tag{6－19}$$

从表达式(6－19)不难看出，在农作物收益不高情形下节水投入是有限的，因为必须使得节水量所带来的边际收益大于节水量投入的边际成本。此时可以将假设条件 $T_{用}$ 同节水量联系起来，使其节水量成为 $T_{用}$ 的变量，则表达式(6－19)转让给供水户水量就会增加。利用节水量换取政府补贴的做法来减少用水户节水投入成本。

在市场配置下，通过对表达式(6－14)最优化一阶条件，不难得出：

$$\frac{dY_{用}}{dq_i}=f_i{}'(q_i)-\delta g_i{}'(q_i-w_i)-(1-\delta)\,p_{转}{}' \qquad (6-20)$$

从表达式(6－20)不难看出，农户可以在节水投入和水权交易中进行选择 δ，以达到最优节水投入。对用水户用水选择提供了水权购买和节水投入两种，有助于减少用水户成本，这是明显优越于计划配置时用水户的选择。

通过以上分析不难看出，解决供水户行为内生动力问题需做到两点：一是提高农业水价，这样可以使得供水户配置偏离政府设定目标的行为减弱；二是政府把监督成本 C 与对供水户补贴 $T_{供}$ 联系起来，并把对供水户补贴 $T_{供}$ 同农业供水量联系起来，这样政府补贴就变成了农业供水量的增函数，有助于减弱供水户偏离行为。

6.2.2 供水户视角下农业节水投入不同配置研究

供水户作为配水主体，是否具有节水投入激励，取决于其节水投入成本与收益。供水户的角色是不定的多变的，他们会相机行动。假设在无国家资金投入时，政府监督对其节水投入起不到作用，政府监督主要是针对供水户水资源配置行为。供水户作为经济人考虑，追求自身收益最大化，其收入主要来源于农业用水户的灌溉面积 T 和供水价格 P，而节水投入只会增加其成本，节水带来的水量由于是按照灌溉面积收取水费，而不是用水量多少，所以不会增加供水户收益。在有国家资金投入时，供水户追求自身效益最大化时，其收益除了供水收入以外还包括国家的补贴 $K(g)$、节水投入外部收益 $H(g)$（如行政收益、农业节水转移到工业带来的收益等）。政府建立起水权市场时，供水户通过农业节水投入，将多余节水量转移到收益较高的地方，从而可以获得转让一部分水权水量的收益 $P_{转} \cdot a$（a 为转让的水量）。如果按每立方米水的价格和耗水量计收水价，供水户的收益就取决于供水量 Q，而不是用水户灌溉面积。而供水户的成本主要有节水资金投入额 $I(g)$、供水成本 $C_{供}$，其中节水资金投入额与节水量 g 有函数关系：$I=I(g)$，并假设节水投入与节水量满足增函数。供水成本主要是供水户固定投入，变动成本与供水量关系相对于固定成本影响较小，假设供水户供水成本 $C_{供}$ 投入是个常数。下面我们分析以上四种情形下供水户的节水投入情况：

（1）在无政府资金投入时，供水户净收益为：

$$\psi = P \cdot T - I(g) - C_{供} \qquad (6-21)$$

由于供水价格和灌溉面积是个定值，供水户供水量增加不会带来收益增加，因为按灌溉面积收费，即 $P \cdot T$ 是一个常量（下面表达式中涉及的不再阐述），供水户主观上对每立方米水的评价为0。对表达式（6－21）最优化一阶条件，通过 g 为自变量的 ψ 函数求导，不难得出：

$$\mathrm{d}\psi/\mathrm{d}g = -I'(g) = 0 \qquad (6-22)$$

从表达式（6－22）不难得出，供水户追求自身收益最大化的结果是，对节水工程的投资 $I(g)$ 为0。也就是说，增加节水投入只会增加供水户支出，而不能为供水户带来收益。从上不难看出，在无政府投资的情况下，供水户不会进行节水工程的投资。原因有三方面：由于按灌溉面积收费，供水户的收益是一定的，就会尽量地减少成本；节水工程将会增加供水户的成本，而他们本身对每立方米水的评价为0；在没有政府投资、没有按照计量收取水费、没有建立水权市场之前，供水户无法获取因节水投入而带来的收益。

（2）在有政府资金投入时，供水户净收益为：

$$\psi = K(g) + H(g) + P \cdot T - I(g) - C_{供} \qquad (6-23)$$

由于国家补贴供水户建设节水工程 $K(g)$，加之节水工程的外部收益 $H(g)$ 与节水成效的正相关性，并假设节水量与国家补贴是增函数关系，其外部收益在一定节水量里也满足增函数，即 $K'(g) > 0$，$H'(g) > 0$。对表达式（6-23）最优化一阶条件，通过 g 为自变量的 ψ 函数求导，不难得出：

$$d\psi / dg = K'(g) + H'(g) - I'(g) = 0 \qquad (6-24)$$

从表达式（6-24）不难看出，由于政府对供水户节水工程补贴和节水工程投资外部收益抵消了供水户节水投入成本，导致了供水户会参与节水工程的建设与管理中。不难看出，政府补贴和节水工程收益情况将决定供水户参与节水工程的投入程度。政府的投资具有引导供水户参与节水工程建设的作用，但需要注意的是必须把政府补贴同供水户节水量联系起来，才能满足其以上的假设。

（3）政府建立起水权市场时，供水户净收益为：

$$\psi = K(g) + H(g) + P_{转} \cdot a(g) + P \cdot T - I(g) - C_{供} \qquad (6-25)$$

由于建立起水权市场供水户可以将节约的水量进行水权交易，由于非农产业的收益大于农业的收益，这样转让的水资源水价必然大于农业灌溉水价（$P_{转} > P_{农}$），从长期的博弈考虑，供水户节水投入会带来水资源量增加，在水资源有限情形下，进行节水工程的投资，会带来水量增加，其转移水量 a 也会增加，即为 $a(g)$，并假设节水量与转移水量也满足增函数。对表达式(6－25)最优化一阶条件，通过 g 为自变量的 ψ 函数求导，不难得出：

$$d\psi/dg = K'(g) + H'(g) + P_{转} \cdot a'(g) - I'(g) = 0 \quad (6-26)$$

从表达式(6－26)不难看出，此时供水户节水投入比表达式(6－25)中没有水权市场时要增加，这是由于水权转移会因节水量增加而带来收入。供水户节水投入将会加大从而才能达到自身收益最大化。

(4)如果按每立方米水的价格和耗水量计收水价，供水户净收益为：

$$\psi = K(g) + H(g) + P \cdot Q(g) + P_{转} \cdot a(g) - I(g) - C_{供} \quad (6-27)$$

在供水价格一定的情况下，供水户的收益取决于供水量。进行节水工程的建设会带来水量增加，水量增加一方面满足农业，另一方面通过水权市场获取收益，也就是说表达式(6－27)中 Q 和 a 的多少都跟节水量 g 有关，并假设用水量是其节水量的增函数。对表达式(6－27)最优化一阶条件，通过 g 为自变量的 ψ 函数求导，不难得出：

$$d\psi/dg = K'(g) + H'(g) + PQ'(g) + P_{转} \cdot a'(g) - I'(g) = 0 \quad (6-28)$$

从表达式(6－28)不难看出，由于实行了计量收费，用水量多少也会带来节水量增加。也就是说，供水户节水投入均衡点又会进一步增加，才能达到自身收益最大化。以上分析具体如图6－2所示。政府补贴、水权市场、按每立方米水计收水价都会带来节水投入均衡点增加，从而使得节水投入边际收益曲线向左上方移动，进而带来用水量由 Q_1

减少到Q_3。

通过以上四点分析，我们不难看出供水户在追求自身收益最大化的过程中不会主动进行节水工程的建设。同时由于节水工程具有正外部性，而成本由供水户一人承担，供水户不会有效地主动地节水。可以通过国家补贴供水户建设节水工程，建立起水权市场，按每立方米水的价格和耗水量计收水价，合理进行水价制度改革。但我国对农田水利建设投入还存在不足，如2010年全年只完成计划投资1824亿元的62%，这也是2011年中央“一号文件”加大农田水利建设的一个重要原因。水权价格和水价对计量收费和水权市场具有引导作用，关系到水权市场的发展。合理的水价制度应包括以下三个方面：①合理的水价应包括资源性水价、工程水价、环境水价等；②向外部卖水时，由该区用水户协会统一卖水，各成员不得独自卖水（具体原因前面理论章节已做分析）；③节水灌区的卖水收入，按该区用水户协会的各个成员对卖水的贡献程度来分配。只有国家通过加大节水投入、建立水权市场，制定合理水价制度，供水户才能有效地主动地加大农业节水投入。

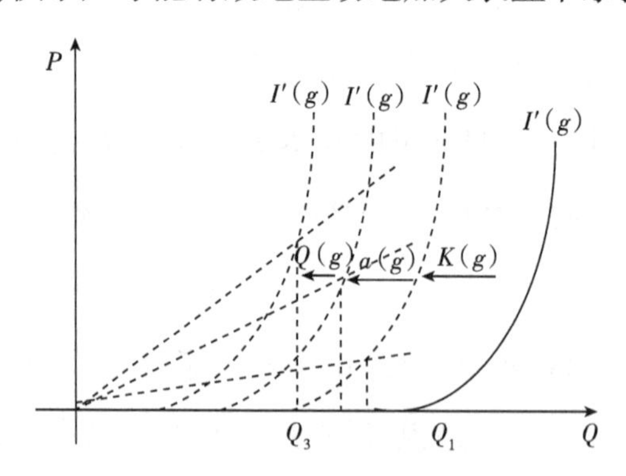

图6-2 节水投入与水权转让、政府资金和按每立方米水计收水价的关系

6.3 用水户视角下农业节水实证研究

6.3.1 用水户视角下计划配置农业节水研究

在政府、供水户和用水户节水系统中,政府运用市场配置优于计划配置,并引入供水户中间商。仅仅站在供给方角度去思考,在农业节水中则很难达到满意节水效果,因为分析时要么将需求方用水户排除在分析要素之外,要么将用水户假设为具有节水内在动力的常量,对分析不产生扰动。但是在整个节水系统中最终起关键作用的因素是用水户,政府和供水户的配置对象就是用水户,农业节水需要用水户去参与、落实和投入,同时用水户参与性、积极性将决定政府(供水户)关于节水工程成效的关键。本小节将从两个方面分析:一是按灌溉面积计收水费在有无水权水量制约下用水户节水效果分析;二是按每立方米水计量水费在有无水权水量制约下用水户节水效果分析,并分析水价和政府补贴对其有何作用。为了抓住核心问题,对此做如下假设:

假设1:在没有采取节水措施时的供水损失量为 G,当用水户进行相应规模节水资金投入而节约的水量为 g。K 为农产品在生长过程中的需水量,不含 G,则农户的水需求量 $X=K+G$ 或者 $X=K+G-g$。但是,在有水权水量制约下,该农户 X 在没有水权交易时,不得超过他自己拥有的水权水量 X^0。

假设2:节水资金投入额 I 与节水量 g 有函数关系:$I=I(g)$。节水投入与节水量满足增函数,即随着节水投入增加节水量也不断增加,只有超过某一值时节水投入增加量大于节水量增加量。

假设3:假定其他因素不对其水资源灌溉效益造成影响,农产品水资源灌溉收益产量为 Y,其生产函数:$Y=F(K,T)$,其中 T 为农作物的灌溉面积。K 的投入与农产品产量 Y 之间呈边际收益递减规律,农产品价格为常值 P,不受农产品市场供需影响。

假设4:农产品生产成本只考虑跟水资源相关的节水投入和水费,其他成本不对本模型分析造成影响,也不是本研究内容。因为农产品收益也只考虑水资源灌溉收益,使得收益与成本相对称。

假设5:农业用水户作为经济人,追求目标是自身收益最大化,这里的自身收益就是用水获取农产品收益。

6.3.1.1 按单位耕作面积计收水费

按农产品单位耕作面积计收水费在我国水资源管理实践中大量存在,目前水资源相对丰富的大部分地区和水资源相对紧张的部分地区仍根据每位农户农产品单位耕作面积计收水费。即使部分地区配套了计量设施,由于老化、缺乏管理、人员技术配套等原因在实践中也很难准确计量。单位灌溉面积水价为 L,由于每个农户耕作单位面积 T 为定值,导致所交的水费是一个定值($L\cdot T$)。

(1)在没有水权水量限制下,农业用水户作为经济人来考虑,追求自身收益最大化,其净收益为:

$$\omega = P\cdot Y-L\cdot T-I(g) \tag{6-29}$$

对表达式(6-29)最优化一阶条件,通过对 g,K 为自变量的 ω 函数分别求导:

$$\mathrm{d}\omega/\mathrm{d}g = -I'(g)=0$$

$$\mathrm{d}\omega/\mathrm{d}k = P\cdot F_k'=0$$

其增强项 $P\cdot Y$,Y 收益在水边际价值为0时达到最大时,水资源一直利用到其边际价值为0,才会停止耗水。在没有水权水量限制的外在压力下,用水户不会主动进行节水,得出其削弱项 $I(g)$ 投入为 0。不难得出其均衡条件为:水的边际价值生产力即边际效益($P \cdot F_k'$)等于节水边际费用成本。

$$P \cdot F_k' = I'(g) = 0$$

节水边际成本等于水边际价值,农业用水户在没有水权水量限制下,水边际价值一直利用到农产品产出最大时,所以农业用水户不会进行节水。

此时考虑政府或供水户提高单位灌溉水价 L,对用水户节水效果有没有影响。由于每位用水户所交水费是个定值。因为用水量多少跟用水户所交水费没关系,只与用水户农作物耕作面积 T 相关。农业用水户会一直利用其水资源到其边际价值为 0,来提高农产品 Y 产出,所以提高水价也不会起到节水作用。也就是说,在没有水权水量限制情形下,按照面积计收水费,水价是不起作用的。只会增加用水户负担,这种增加没有转化成节水内在动力。

此时考虑政府或供水户加大对农业用水户节水投入补贴,对用水户节水效果有没有影响。从农业用水户自身考虑,其水费是其固定成本,节水补贴可以减少用水户节水投入,但由于没有水权水量限制,政府的节水投入补贴不会激发农业用水户节水投入。在实践中这些补贴用水户只能作为收益来处理,即使政府补贴帮助用水户建立节水设施,用水户也不具有内在动力进行节水投入。只要节水投入 $I(g)$ 存在变动成本,其最优化一阶条件仍为 0。用水户自身不会增加节水投入,水资源利用到水边际价值为 0 时。政府只有将补贴同用水户节水量联系起来,用水户用节水量换取政府补贴,政府补贴用水户收益抵消节水投入成本。

(2)在有水权水量限制下,其中 $X^0 = K + G - g$。此时农业用水户的拉格朗日函数为：

$$\omega = P \cdot Y - L \cdot T - I(g) + \lambda(X^0 - K - G + g) \qquad (6-30)$$

对表达式(6－30)最优化一阶条件，通过对K和g为自变量的ω函数分别求导，不难得出：

$$\mathrm{d}\omega/\mathrm{d}g = \lambda - I'(g) = 0$$

$$\mathrm{d}\omega/\mathrm{d}k = P \cdot F_k' - \lambda = 0$$

λ^*表示水资源在水权水量限制时，配置实现了均衡、达到了最有效配置时的数值。

由于节水资金投入额与节水量是增函数，而农作物需水量所产生的边际效益递减。为了农产品生产，农业用水户对于节水的投入，直到水的边际生产力即边际效益($P \cdot F_k'$)等于λ^*时为止，节水支出直到为节水的边际费用等于λ^*时为止。节水投入均衡条件为：其节水量所耗边际费用等于其农作物需水量所产生边际价值。

$$P \cdot F_k' = I'(g) = \lambda^* > 0$$

从中不难看出，有水权水量限制时，农业用水户会进行节水投入，一直到节水产生的边际收益等于节水所耗费的成本。用水户节水动力来自于不足水量损失的灌溉收益，与节水投入带来节水量增加，从而弥补其灌溉收益的损失。当然，这种投入直到节水量增加带来其灌溉收益增加值等于其节水投入增加值为止。

此时考虑政府或供水户提高单位灌溉水价L，对用水户节水效果有没有影响。由于用水户支出只受其灌溉面积影响，不受水量影响，所以每位用水户所交水费是个定值。农业用水户进行节水动力来自于水权水量限制，而不是水价提高导致用水需求下降。也就是说，在有水权水量限制情形下，按照面积计收水费，水价也是不起作用的。

此时考虑政府加大对农业用水户节水投入补贴，对用水户节水效果有没有影响。在有水权水量限制时，政府补贴内化成用水户节水投入时，此时节水量所耗的边际费用等于其农作物需水增加所产生边际价值的均衡点 λ^* 值就会上移，从而节水量会增加。因为每个农业用水户节水所耗费的成本降低了，所以政府节水投入补贴会带来用水户节水量的增加。当然，政府节水补贴与用水户节水投入处于不同账户进行评价，如果政府补贴方式没有内化成用水户节水投入时，反而变为用水户自己收入预算，则不会带来 λ^* 值上升。

6.3.1.2 按每立方米水的价格和耗水量计收水费

目前在我国水资源相对匮乏的地区，尤其是用水紧张的地区，是按照每立方米水的价格(L_k)和耗水量计收水费。下面分析在有无水权水量限制下，计量收费对用水户节水行为的影响。

(1)在没有水权水量限制下，农业用水户作为经济人来考虑，追求利润最大化，其净收益为：

$$\omega = P \cdot Y - L_k(K + G - g) - I(g) \qquad (6-31)$$

对其表达式(6-31)最优化一阶条件，通过对 K 和 g 为自变量的 ω 函数分别求导，不难得出：

$$\mathrm{d}\omega/\mathrm{d}g = L_k - I'(g) = 0$$

$$\mathrm{d}\omega/\mathrm{d}k = P \cdot F_k' - L_k = 0$$

$$P \cdot F_k' = I'(g) = L_k$$

不难看出，在按照每立方米水计收水价时，水的边际生产力利用一直到水价为止，节水边际费用也到水价为止。节水投入均衡条件为：水的边际生产力等于节水边际费用等于水价。

$$P \cdot F_k' = I'(g) = L_k$$

政府或供水户如果提高水价，L_k 变大，其均衡点就会上移，此时每个农业用水户节水边际费用投入就会增加，从而节水量也会增加。也就是说，在按每立方米水的价格计量收费时，提高水价对用水户可以起到节水作用。

政府或供水户如果增加补贴，由于水利用的均衡条件为节水投入对节水量的导数等于水价。水价没变，政府节水补贴只是增加用水户收益。这种补贴没有带动用水户节水投入增加，不具有溢出效应，只是减轻了农业用水户用水成本。政府只有将补贴同用水户节水量联系起来，才能减轻用水户节水投入。

（2）在有水权水量限制下，用水户作为经济人来考虑，追求自身收益最大化拉格朗日函数为：

$$\omega = P \cdot Y - L_k(K + G - g) - I(g) + \lambda(X^0 - K - G + g) \quad (6-32)$$

对其表达式(6－32)最优化一阶条件，通过对 K 和 g 为自变量的 ω 函数分别求导，不难得出：

$$d\omega/dg = \lambda + L_k - I'(g) = 0$$

$$d\omega/dk = P \cdot F_k' - \lambda - L_k = 0$$

$$P \cdot F_k' = I'(g) = \lambda^* + L_k$$

λ^* 表示水资源在水权水量限制时，配置实现了均衡、达到最有效配置时的数值。

不难看出，在有水权水量限制时，水的边际生产力和节水边际费用会同时上升到水价和水资源配置均衡点时，可以起到节水作用。

政府或供水户如果提高水价，此时每个农业用水户节水边际费用投入就会增加，水利用均衡条件：$P \cdot F_k' = I'(g) = \lambda^* + L_k$，$L_k$ 变大，其均衡点就会上移,从而节水量也会增加。也就是说,在按每立方米水的价格计量收费时,提高水价可以起到节水作用。

政府或供水户如果增加对用水户节水补贴,由于水利用的均衡条件为 $P \cdot F_k' = I'(g) = \lambda^* + L_k$,在有水权水量限制时,将政府补贴同节水量联系起来,并内化成用水户节水投入时,其农作物需水量所产生价值的均衡点 λ^* 值就会上移,从而节水量就会增加。同样,如果政府补贴方式没有内化成用水户节水投入时,反而变为用水户自己的收入预算,则不会带来 λ^* 值上升。

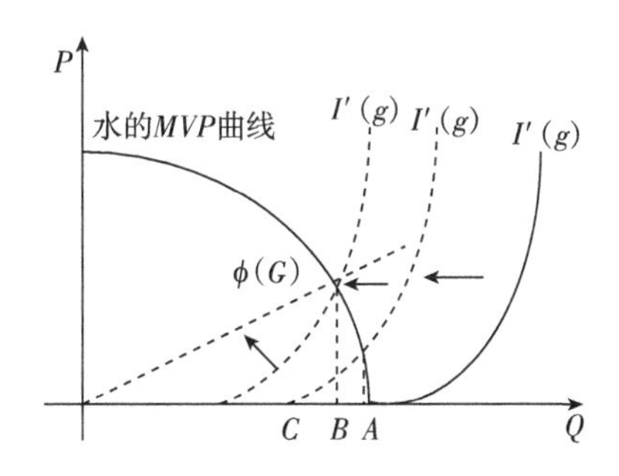

图 6-3 农业用水户计划配置下节水投入分析

以上分析具体如图 6-3 所示,其中有水的边际生产力曲线(MVP)和节水投入曲线,在没有水权水量限制时,水的利用一直到水的边际生产力为 0 时,即图中 A 点,此时没有节水投入,如果有水权水量限制,假如限制到图中 B 点,此时节水投入边际效益曲线就会向左移动。按照单位灌溉面积计收水费,就相当于图中的横坐标,其为用水户固定投入,其导数始终为 0。如对其按每立方米计收水费,随着水价提高,其横坐标就会向上移动,就如图中的 L_k 曲线,其对农业用水户节水投入具有作用,也会导致其节水投入边际效益曲线向左移动,此时用水量就是图中的 C 点。

6.3.2 用水户视角下市场配置农业节水研究

上一小节分析的两种情形在实际过程中体现为,一方面按面积收费和无水权水量限制时,各用水户不会进行节水投入,同时由于节水工程初期投入较大,各用水户规模较小,往往也不会或者没有能力进行节水,这就需要政府部门补贴农业用水户节水投入,尤其是基础公共设施节水投入,公共设施在用水户之间博弈中是最缺少投入的。另一方面在计划配置中,用水户所节约的水只能节约成本,不能为他们带来收益,这就需要政府尽可能地将农户所节约的水进行有效转移,从而获取收益。因此,水权交易市场的建立就显得尤为重要。本小节将讨论水权可以交易情况下,农业用水户节水情况。

用水户视角下市场配置就是引入水权市场的建设,也就是水权可以在农业用水户内部之间,农业用水户与其他外部用水户之间进行交易。市场配置不排斥政府监督和用水户协会协调。农业用水户水转移的前提是配置给农业用水在节水投入多余情况下,可以进行外部转移,而不能为了高收益将本配置于农业用水过多地进行外部转移,这就需要政府或供水户外部监督,更需要成立用水户协会进行内部监督。同时在现实水交易过程中肯定存在着交易成本。本小节将考虑市场交易成本对用水户节水行为的影响,假设交易成本为 C,包括了信息搜索成本、议价成本、交割成本、合同成本等,C 的大小取决于水权市场的完善性,用水户自身状况,可以通过建立水权交易中介解决交易信息不对称问题和成立用水户协会解决用水户规模、议价能力等问题。

市场配置假设条件包含上一小节的五个假设条件。由于水权市场的建立,假设农业用水总水量为 Q,即农业面临最大用水量,农业用水户之间水权转移的价格为 $P_{内}$，农业用水户转移给非农产业的价格为 $P_{外}$，其中 $P_{内} < P_{外}$。

6.3.2.1 按单位耕作面积计收水费

在没有水权水量限制下，用水户之间增加交易水量，来自于自己多余的获取水量和节约水量，获取水量涉及政府、供水户如何分配水资源问题，以及监督问题。不然用水户之间博弈会带来很多用水利益矛盾。这里假设每个用水户获取水量为 q_i，农业用水量内部交易所占比例为 ε $(0 < \varepsilon \leqslant 1)$。$\varepsilon$ 多大取决于获取水量和节约水量同农业需水量差值，也就是说，农业用水需首先满足农业需要，多余水量才会转移。

（1）在没有水权水量限制下，其农户节约的水和用水户获取水量 q_i 与需水量差值的多余水量，可以卖给农业用水户和非农产业用水户，这由用水户协会决定，其价格分别为 $P_{内}$ 和 $P_{外}$。从单个农业用水户自身收益最大化来考虑，其净收益为：

$$\omega = P \cdot Y + \varepsilon P_{内} \cdot (q_i - K - G + g) + (1-\varepsilon) P_{外} \cdot (q_i - K - G + g) - L \cdot T - I(g) - C \quad (6-33)$$

表达式成立的条件是：

$$\varepsilon P_{内} \cdot (q_i - K - G + g) + (1-\varepsilon) P_{外} \cdot (q_i - K - G + g) > C$$

如果交易成本 C 大于其内部和外部交易获取的收益，则交易不会发生，就变为如表达式（6－29）所示的。对表达式（6－33）最优化一阶条件，通过对 K 和 g 为自变量的 ω 函数分别求导，不难得出：

$$\mathrm{d}\omega/\mathrm{d}g = \varepsilon P_{内} + (1-\varepsilon) P_{外} - I'(g) = 0$$

$$\mathrm{d}\omega/\mathrm{d}k = P \cdot F_k' - \varepsilon P_{内} - (1-\varepsilon) P_{外} = 0$$

$$P \cdot F_k' = I'(g) = \varepsilon P_{内} + (1-\varepsilon) P_{外}$$

节水支出直到节水的边际费用等于其转让价格时为止，不能看出用水户在水权可以交易情况下,会进行节水投入,这同前面一节水权不能交易情况下,用水户不会进行任何节水投入是不一样的。由此证明,水权市场建立即使在按面积计收水费情况下也能达到一定的节水目的。

(2)在有水权水量限制下,农业用水户交易的水量为其农户节约的水和水权水量大于需水量的多余水量。这里我们假设供水户均衡分配给每个用水户水权水量,并由用水户协会监督。则获取水量服从均匀分布,为$\frac{1}{n}Q$。这里为了分析方便假设每个用水户同质。由于通过用水户协会已经协调好每个用水户获取的水权水量,因此这里就不需要考虑农业用水户内部交易,而是通过水权水量限制和转移水收益来节约用水。单个农业用水户净收益最大化的拉格朗日函数为:

$$\omega = P \cdot Y + P_{外} \cdot (\frac{1}{n}Q - K - G + g) + \lambda(\frac{1}{n}Q - K - G + g) - L \cdot T - I(g) - C \tag{6-34}$$

$$s \cdot t \ \frac{1}{n}Q = K + G - g$$

表达式成立的条件是:

$$P_{外} \cdot (\frac{1}{n}Q - K - G + g) > C$$

如果交易成本 C 大于其外部交易获取的收益,则交易不会发生,就变为如表达式(6-30)所示的。对表达式(6-34)最优化一阶条件,通过对 K 和 g 为自变量的 ω 函数分别求导,不难得出:

$$d\omega/dg = P_{外} + \lambda - I'(g) = 0$$

$$d\omega/dk = P \cdot F'_k - P_{外} - \lambda = 0$$

$$P \cdot F'_k = I'(g) = P_{外} + \lambda^*$$

其中,λ^*表示水资源配置实现了均衡、达到最有效配置时的数值。

节水支出直到节水的边际费用等于其转让价格和 λ^* 时为止，也就说，节水动力来自于水权水量限制和水资源转移带来的收益。

从以上分析不难看出，水权市场对农业节水具有内在的促进作用。但需要注意的是，水转移对农业部门带来的影响。当非农部门比农业部门更需水时，导致卖水价格 $P_{外}$ 大于 λ^*，每位用水户会重新评价用水价格，上升到 $P_{外}$。同时由于农户之间博弈，加之农业无最低水量限制，为了获得卖水收益，农户之间竞争会无限扩大卖水量，一直到缺水程度严重影响到农业生产为止。不难看出，水转移效果具有双重性：一方面，从农业和非农业整体进行评价水资源的利用率，对整个国民经济发展达到帕累托最优；但另一方面，卖水量均衡点会上升到水资源量在农业和非农业均衡点，而不是农业自身发展需求量，非农业用水会挤占农业用水，对农业发展有所不利。在建立起水权市场的地方，农业部门对此情况要重视，必须规定农业最低基本用水量。

6.3.2.2 按每立方米水的价格和耗水量计收水费

前一小节是按照每立方米水的价格（L_k）和耗水量计收水费，没有考虑水权可以交易的情况。本小节考虑水权可以交易情况下，也从有无水权水量限制两个方面来分析按每立方米水的价格和耗水量计收水费对用水户节水行为的影响。

（1）在没有水权水量限制下，农业用水量也分为内部和外部交易，其内部交易所占比例为 $\varepsilon(0<\varepsilon\leqslant 1)$，$\varepsilon$ 多大取决于用水户获取水量与农业需水量差值和节约水量。这里分析卖水用户收益，从单个农业用水户自身收益最大化来考虑，其净收益为：

$$\omega = P\cdot Y + \varepsilon P_{内}\cdot(q_i - K - G + g) + (1-\varepsilon)P_{外}\cdot(q_i - K - G + g) - L_k\cdot(K + G - g) - I(g) - C \quad (6-35)$$

表达式成立的条件是：

$$\varepsilon P_{内} \cdot (q_i - K - G + g) + (1-\varepsilon) P_{外} \cdot (q_i - K - G + g) > C$$

如果交易成本 C 大于其内部和外部交易获取的收益，则交易不会发生，就变为如表达式(6－31)所示的。对表达式(6－35)最优化一阶条件，通过对 K 和 g 为自变量的 ω 函数求导，不难得出：

$$d\omega/dg = \varepsilon P_{内} + (1-\varepsilon) P_{外} + L_k - I'(g) = 0$$

$$d\omega/dk = P \cdot F_k' - \varepsilon P_{内} - (1-\varepsilon) P_{外} - L_k = 0$$

$$P \cdot F_k' = I'(g) = \varepsilon P_{内} + (1-\varepsilon) P_{外} + L_k$$

水利用的均衡条件为，节水支出直到为节水的边际费用等于其转让价格和收取水价时为止，按每立方米水收取水费，水权市场建立对用水户节水行为产生促进作用。

(2)在有水权水量限制下，农业用水户交易的水量为其农户节约的水和水权水量大于需水量的多余水量。同样，由于通过用水户协会已经协调好每个用水户获取水权水量，因此这里就不需要考虑农业用水户内部交易，而是通过水权水量限制进行外部转移获取收益来节约用水。单个农业用水户净收益最大化的拉格朗日函数为：

$$\omega = P \cdot Y + P_{外} \cdot (\frac{1}{n}Q - K - G + g) + \lambda(\frac{1}{n}Q - K - G + g) - L_k \cdot (K + G - g) - I(g) - C \quad (6-36)$$

$$s \cdot t \ \frac{1}{n}Q = K + G - g$$

表达式成立的条件是：

$$P_{外} \cdot (\frac{1}{n}Q - K - G + g) > C$$

如果交易成本 C 大于其和外部交易获取的收益，则交易不会发生，就变为如表达式(6－32)所示的。对表达式(6－36)最优化一阶条件，通过对 K 和 g 为自变量的 ω 函数分别求导，不难得出：

$$d\omega/dg = P_{外} + L_k + \lambda - I'(g) = 0$$

$$d\omega/dk = P \cdot F_k' - P_{外} - L_k - \lambda = 0$$

$$P \cdot F_k' = I'(g) = P_{外} + L_k + \lambda$$

其中，λ^* 表示水资源配置实现了均衡、达到最有效配置时的数值。

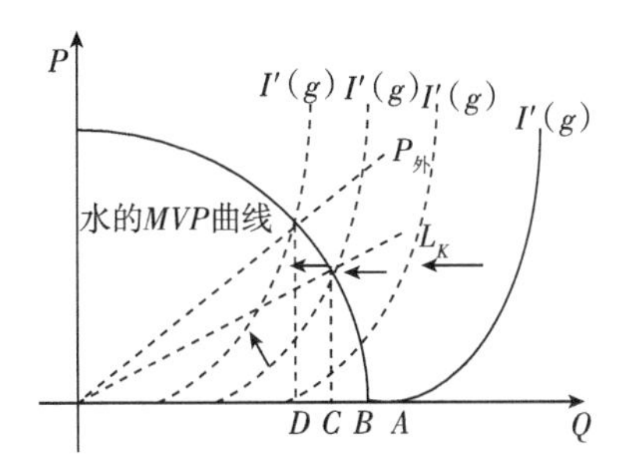

图 6－4　农业用水户计划配置下节水投入分析

水利用的均衡条件为，节水支出直到为节水的边际费用等于其转让价格、收取水价和 λ^* 三者之和时为止，除转让水价和收取水价外，水权水量限制也起到节水作用，将用水户节水投入均衡点 λ^* 上移。

以上分析可以通过图 6－4 所示，是在图 6－3 基础上引入了水权市场。水权市场上水资源转移的一阶导数，其实就是水权转让价格，在水价不断提高情况下，$P_{外}$ 曲线上升也会带来农业用水户节水投入边际效益向左移动，此时用水量为图中的 D 点。用水量由 A 点移动到 D 点，水资源得到节约，其利用率得到提高。从中不难看出，水权水量限制、水权市场建立和按每立方米计收水费是农业用水户节水投入的内在动力。

6.3.3　用水户视角下用水户协会配置农业节水研究

由于农业节水目的是通过水权市场进行交易，水资源价值得到更高评价,单个用水户节水博弈行为之间会产生农业水被过多转移,从而对过多转移地区和农业发展产生不利影响。这就需要农业用水户建立用水户协会,使用水户节水行为由非合作博弈转为合作博弈。下面我们通过数学模型具体分析,为方便研究,做了如下假设:

假设1:g_i 为用水户 i 产生的节水量,所以 $G=\sum_{i=1}^{n}g_i$ 为所有用水户产生的节水量。

假设2:农户节水量主要是通过水权市场转移到工业或其他产业中,农业用水户产生的节水量转移能得到全部出清,所以过多水量转移对本地区或农业发展会产生不利影响。

假设3:设每个用水户单位节水量产生效益为 φ,且 $\varphi=\varphi(G)$,设 G_{max} 为农业用水户产生的最大节水量。当节水量较小时,$\varphi(G)>0$;当产生节水量超过农业承载力 G_{max} 时,$\varphi(G)=0$。随着节水量增加,每个用水户产生单位节水量效益将递减,用水户产生单位节水量效益的变化率也将递减。

$$\frac{\partial\varphi}{\partial G}<0,\frac{\partial^2\varphi}{\partial G^2}<0.$$

假设4:用水户节水边际成本为 c,并按照其边际成本节水,其成本函数为:$C_i(g_i)=cg_i$。

则用水户 i 节水的利润函数为:

$$\psi_i(g_i)=g_i\varphi(G)-cg_i,i=1,\cdots,n$$

其最优化的一阶条件满足:

$$\frac{\partial\psi_i}{\partial g_i}=\varphi(G)+g_i\varphi'(G)-c=0,i=1,\cdots,n \tag{6-37}$$

将(6-37)表达式 n 个一阶条件相加,可以得到:

$$n\varphi(G^*)+G^*\varphi'(G^*)-nc=0 \tag{6-38}$$

其纳什均衡条件：

$$G^{*}=\sum_{i=1}^{n}g_{i},\psi^{*}=\sum_{i=1}^{n}[g_{i}^{*}\varphi(G^{*})-g_{i}^{*}c],i=1,\cdots,n \quad (6-39)$$

从其二阶条件可以得出：

$$\frac{\partial^{2}\psi_{i}}{\partial g_{i}^{2}}=2\varphi^{'}(G)+g_{i}\varphi^{''}(G)<0,\frac{\partial^{2}\psi_{i}}{\partial g_{i}\partial g_{j}}=\varphi^{'}(G)+g_{i}\varphi^{''}(G)<0$$

则不难得出：

$$\partial g_{i}/\partial g_{j}=\frac{\partial^{2}\psi_{i}}{\partial g_{i}{}^{2}}/\frac{\partial^{2}\psi_{i}}{\partial g_{i}\partial g_{j}}>0,i=1,\cdots,n \quad (6-40)$$

这说明一个用水户节水量随着另外一个用水户节水量增加而增加，证明了农业用水户之间农业节水转移是积极的，具有内在动力。但过多节水转移会对农业自身发展不利，这就需要建立用水户协会，利用用水户协会成员之间的长期性、同质性和协同性等特点，变非合作博弈为合作博弈来解决农业用水过多转移问题。这是将农业用水户行为看成是一个整体，统一由用水户协会进行配置。具体分析如下：

$$\text{Max }\psi=G\varphi(G)-Gc$$

上述表达式的最优化一阶条件：

$$G^{**}\varphi^{'}(G^{**})+\varphi^{'}(G^{**})-c=0 \quad (6-41)$$

对表达式(6-38)与(6-41)进行分析，不难得出 $G^{*}>G^{**}$。

不难看出，建立用水户协会转移水量低于没有建立转移水量，对用水户过多水量转移行为进行修正，防止其他产业对农业水资源过多挤占，尤其是在农业收益偏低情况下，用水户协会建立显得更加重要。到2009年底，全国已经成立5万多家农民用水户协会，其中大型灌区范围内有1.7万多家，在全国大型灌区中，由协会管理的田间工程控制面积占有效灌溉面积的比例达40%以上。

通过对用水户视角下不同配置手段综合分析，不难看出对我国水资源相对丰富地区,应尽快建立水权市场。允许农户向非农产业部门卖水,这样即使按照耕作单位面积收费,也能起到节水作用。防止农户之间非合作博弈,应尽快在各地区建立用水户协会。同时对用水户的水权水量进行设置,防止非农业用水过多挤占农业用水,政府应设置农业发展最低用水量;对我国水资源相对匮乏地区,最重要的是应尽快实行按每立方米水收取水费,并建立水权交易市场。最好是由当地农业用水户协会来协调用水户用水以及卖水行为。同时由于我国农户规模小、较为分散等实际情况,政府部门应补贴用水户节水初期投入,给予农业用水户各项优惠政策。

6.4 农业水转移效率与转移双方博弈研究

6.4.1 工农业节水转移条件

前面三节主要对农业节水行为进行了分析,本节对农业节水后的去向进行分析。在农业节水向工业转移时,首先需要回答三个问题:工业是否缺水和农业是否有水可节;农业用水向工业转移是否产生节水效果;如何保障工农业转移节水,达到各方帕累托最优。2000 年以来,每年城市工业缺水量达 60 亿立方米以上,据有关部门分析,由于供水不足,城市工业每年经济损失 2300 亿元以上。截至 2017 年,农业用水量占用水总量仍超过 66%,而农业用水利用率只有 46% 左右。部分地区灌溉单位用水量偏高,水田达到每亩 1500 立方米,仍存在大水漫灌现象。发达国家农业用水利用率可达 80% 以上,相比发达国家水平,我国农业用水水平较低,有巨大的节水潜力。正由于工业自身缺水,农业用水利用率不高,需要工农业节水和农业节水转移。

那么农业用水向工业转移是否产生效果，是农业节水转移的关键。假设：r 是单位 GDP 的总量，q_{0i} 和 q_{ti} 分别是第 i 类产业起始年份和第 t 年份的用水定额（单位 GDP 的用水量），a_{0i} 和 a_{ti} 分别是第 i 类产业在起始年份和第 t 年份所占比重。则第 t 年份的实际用水量为：

$$W_t = r\sum_{i=1}^{n}(a_{ti}q_{ti}) \tag{6-42}$$

如果各产业的用水定额和经济结构自起始年份保持不变，则第 t 年份的用水量为：

$$\bar{W}_t = r\sum_{i=1}^{n}(a_{0i}q_{0i}) \tag{6-43}$$

如果把用水量的减少定义为节水量，显然，由于各产业内部用水定额的降低和结构调整所产生的节水总量为：

$$\Delta W = \bar{W}_t - W_t = r\sum_{i=1}^{n}(a_{0i}q_{0i}) - r\sum_{i=1}^{n}(a_{ti}q_{ti}) \tag{6-44}$$

表达式（6－44）可以转化为如下形式：

$$\Delta W = r\left[\sum_{i=1}^{n}a_{0i}(q_{0i}-q_{ti}) + \sum_{i=1}^{n}(a_{0i}-a_{ti})q_{0i} + \sum_{i=1}^{n}(a_{ti}-a_{0i})(q_{0i}-q_{ti})\right] \tag{6-45}$$

表达式（6－45）的第一项代表了产业结构不变但产业内部用水定额下降所引起的用水量变化，第二项代表了由产业结构调整所引起的用水量变化，而第三项则是二者的混合作用项。以上分析证明了，在农业节水和工业节水中由过去的按需管理转为按供管理，实行定额管理，并进行产业间转移具有明显的节水效果。基于政府定额管理视角和水权市场建立论证了农业节水向工业节水的充分条件。政府在部分地区实行用水定额管理，并建立好水资源行业转移制度平台。至此，我们回答前两个问题，即农业具有很大节水潜力，工业缺水严重；实行定额管理并进行产业间转移会产生节水效果。第三个问题只需从农业节水和工业节水之间的博弈分析，从而确保各方通过帕累托改进达到帕累托最优。

6.4.2 农业节水与工业节水博弈研究

通过前面的分析不难看出水权市场建立对产业间转移具有明显的节水作用。本小节将主要分析农业用水户节水与工业节水之间的博弈,以及如何更好地从制度上保证农业节水和工业节水。农业用水户节水有来自于用水户节水供给量会获得收入,也有来自于工业对其资助。一方面是农业节水潜力巨大,另一方面是农业节水的成本相对于工业节水来说比较低。下面我们分析农业节水转移到工业中,以及工业对其资助会产生哪些影响。为了分析方便,做了如下几个假设:

假设1:g_i 为每个农业用水户节水供给量,则整个农业节水供给量为 $G=\sum_{i=1}^{n}g_i$。

假设2:每个农业用水户效用函数不仅跟用水户节水供给量有关,而且与工业对农业资助有关,其中 y_i 代表农业用水户 i 获得的工业对其资助数量。其支付函数为 $\psi_i(y_i,g_i,G)$,工业对其资助理解为对其节水量价格支持。其转让水价和工业补助水价实行累进制,且假定:

$$\frac{\partial\psi_i}{\partial g_i}>0,\frac{\partial\psi_i}{\partial y_i}>0\ ,i=1,\cdots,n$$

假设3:定义 y_i 与(g_i,G)之间的边际技术替代率如下:

$$\frac{\frac{\partial\psi_i}{\partial g_i}}{\frac{\partial\psi_i}{\partial y_i}}\ ,i=1,\cdots,n$$

并假定边际技术替代率遵循递减规律。

假设4:对于任意 $i\in(i,\cdots,n)$,$\psi_i(y_i,g_i,G)$:$(y_i,g_i)\rightarrow\psi_i(y_i,g_i,G)$为二阶连续可微函数,且下面关于 $\psi_i(y_i,g_i,G)$的海塞矩阵为

半正定矩阵，具体如下所示：

$$\nabla^2\psi_i(y_i,g_i,G)=\begin{pmatrix} -\frac{\partial^2\psi_i}{\partial y_i^{\ 2}} & -\frac{\partial^2\psi_i}{\partial y_i\partial g_i} \\ -\frac{\partial^2\psi_i}{\partial g_i\partial y_i} & -\frac{\partial^2\psi_i}{\partial g_i^{\ 2}} \end{pmatrix}$$

通过前面4个假设，这里就可以分析农业用水户节水供给的静态非合作博弈，设农业用水户获得工业对其资助折算成价格为 p_1，令农业节水供水量 g_i 转让价格为 p_2，W_i 为其预算收入。在给定完其他农业用水户节水供给量的情况下，农业用水户 i 根据下面的模型来选择策略：

$$\text{Max } \psi_i(y_i,g_i,G) \qquad s\cdot t\ W_i = p_1y_i+p_2g_i, \quad i=1,\cdots,n$$

对于任意 $i\in(i,\cdots,n)$，假设该最优化问题存在内点解，则可以构造拉格朗日函数：

$$\pi_i=\psi_i(y_i,g_i,G)+\lambda(W_i-p_1y_i-p_2g_i)$$

根据最优化一阶条件可以知道：

$$\frac{\partial\pi_i}{\partial g_i}=\frac{\partial\psi_i}{\partial g_i}+\frac{\partial\psi_i}{\partial G}-\lambda p_2=0, i=1,\cdots,n \qquad (6-46)$$

$$\frac{\delta\Omega_i}{\delta y_i}=\frac{\partial\psi_i}{\partial y_i}-\lambda p_1=0, i=1,\cdots,n \qquad (6-47)$$

将(6-46)和(6-47)表达式之比，可以知道：

$$\frac{\frac{\partial\psi_i}{\partial g_i}+\frac{\partial\psi_i}{\partial G}}{\frac{\partial\psi_i}{\partial y_i}}=\frac{p_2}{p_1}, i=1,\cdots,n \qquad (6-48)$$

这里得到其均衡条件，农业用水户 i 对农业节水供给 g_i 产生的边际效益，与其工业资助 y_i 对农业用水户 i 产生边际效益之比等于它们的价格之比。对其 n 个均衡条件组成方程组求解，得到该非合作静态博弈纳什均衡解。由假设 4 可知，对于任意 $i \in (i,\cdots,n)$，$\psi_i(y_i,g_i,G)$：$(y_i,g_i)\rightarrow\psi_i(y_i,g_i,G)$为关于$(y_i,g_i)$的二阶连续可微函数，得出表达式(6－48)是纳什均衡也是上述优化问题的一个整体最优解。如果给定其他农业用水户选择，每个农业用水户在获得农业节水供给和工业资助时，都会按照上面的均衡条件来决策。得到农业节水供给的一个纳什均衡：

$$g^* = (g_1^*,\cdots,g_n^*),G^* = \sum_{i=1}^{n} g_i^* \tag{6-49}$$

由假设 3 可知，表达式(6－48)是逐步递减的，说明 p_2 对 p_1 的比率在不断降低。由表达式(6－49)可知，整个农业节水供给水平由各农业用水户依据其纳什均衡得到供给水平决定。从中不难得出，随着整个农业节水供给水平 G 的增长和农业用水户节水投入，工业节水基金将用越来越少的代价获得农业节水供给，整个农业节水供给水平由每个用水户依据其纳什均衡得到供给水平决定。这一方面会弱化工业节水投入，使得工业对其农业节水资助得不到稳定投入，另一方面农业节水会被以较低补偿过多转移到工业中。现实情况，从图 6－5 所示不难看出 1998—2010 年我国农业用水占全国用水比例呈逐年下降趋势。

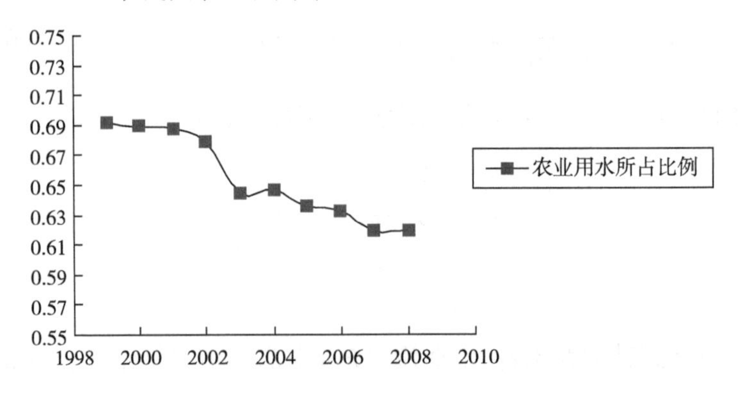

图 6－5　1998—2010 年中国农业用水占总用水的比例

根据前面农业与工业间进行水转移节水效果的理论分析，得知关键是如何保证其发挥作用。要解决此问题，则必须解决如下三个问题：①工业如何更好地帮助农业节水？②如何防止农业水转移到工业过程中，对工业节水造成压缩和替代？③如何抑制过度农转非，以实现农业用水对农业发展安全。

工业如何帮助农业节水，以及如何防止水资源在农转非过程中对工业节水造成替代？这就需要建立工业节水量获取农业水权量相关机制，即成立工农业节水基金。工农业节水基金会由政府带头，需水企业自发组织建立。水行政主管部门和需水企业相比农业在资金、技术、人才等各个方面有其优势，可引导和帮助农业节水。节约的水拿到工农业节水基金会出售给需水企业，再根据每个需水企业自身节水量购买相应比例的农业用水。工农业节水基金规定购买农业用水价格低于正常工业用水价格，这样需水企业才会有积极性进行工业节水，来获取定额农业用水。而其中的差价由政府节水投资基金和工农业节水基金直接补助农业转让用水。

如何抑制过度农转非，以实现农业用水对农业发展安全？应对农业转移到工业等方面的水量进行限制，并从机制上对农业用水户进行自我激励约束。农业卖水量由用水户协会跟工农业节水基金会共同确定，实行定额管理。用水户来购买节水指标量，用水户协会必须规定用水户最高卖水定额；其次实行农业节水转让的三级差价制度（在定额20%到80%之间实行累进价鼓励节水，超过定额80%实行累退价抑制过度农转非和不足定额20%实现平价）；最后再对农业水权转让建立补偿机制，建立专项的农业水利积累发展基金。只有完成上述制度和机制建立才能更好地协同工农业节水，并有效转移农业用水，不危及农业发展。在工业帮助农业节水中，通过节水把农业利用率提高部分的节水量转让给工业，双方都达到了帕累托改进。

其中，水价在农业节水和工业中也具有重要影响。经济学研究表明，在一个垄断行业中，存在垄断部门对非垄断部门的补贴，从而维持整个行业均衡发展。大量实践数据和理论研究表明，水价在一合理范围，有利于促进节水，水价与用水量之间富有弹性。水价太低对节水没有作用；水价太高，用水户难以接受，节水效果也不明显。目前现实情况是农业水价太低，无法调动用水户节水积极性。但水价过高使得部分用水户承受压力较大。政府等各项政策制度完善好，可以制定中间水价，并逐渐提高水价。在提高水价的同时，可以通过增加对农户化肥、种子等补贴，提高粮食最低收购价和低保户的低保等措施，对用水户进行交叉补贴，由于外在收益内在化，农户收益不同账户评价。补贴增加、粮价提高抵消了水价上涨，用水户在支出没有增加的情况下，用水量由于水价提高而减少，并且多节约的水所获得收益归用水户自己所有。政策制定者需注意粮价提高对社会通胀水平的压力，从而做好对弱势群体的相关补贴。通过水价提高、促进节水、政府补贴和粮价低保提高、抵消水价上涨成本、粮价上涨通胀压力、社会再分配对弱势群体合理转移，从而促进社会和谐。以上分析具体如图 6－6 所示。

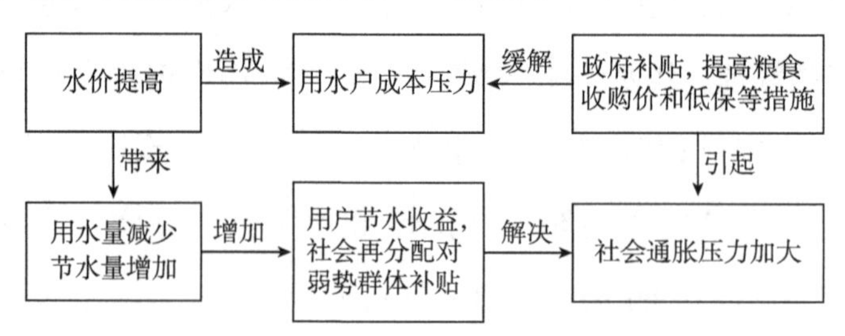

图 6－6　水价提高带来的节水问题

现在问题的关键是如何设置水价，才较为合理，起到节水作用。一个完整的水价应包括水资源税、工程水价、资源水价、环境水价和节水水价奖惩项。其中，水资源税应加大国家资源税改革，建立水资源税征收制度体系，适时进行征收；工程水价通过固定资产折旧和年管理运行费等进行折算；资源水价通过影响水资源的因素如水质、水资源量、人口密度、经济结构、技术影响等进行综合评价折算；环境水价根据水环境容量应包括污水处理费用、生态保持费用进行折算；节水水价奖惩项，通过外部成本内部化，制定富有激励化梯度水价，把影响节水的因素统一于累进制的水价中。用水在定额80%内，水价即为初始水价；用水在定额80%至定额内，水价应为初始水价的150%；超过定额，水价应为初始水价的300%，并实行惩罚性水价。逐步建立用水大户用水量跟踪制度，通过政府节水投资基金对工农业节水实行激励。

6.5 本章小结

本章基于多元视角下不同配置手段对农业节水影响的分析，证明了多元视角下不同配置手段的节水具有不同作用范围，在农业节水实际应用中应做好协调。政府视角下净收益在面临着众多农业用水户决策对象时，其市场配置净收益大于计划配置净收益，证明了建立水权市场的必要性。当然，政府对相关制度、政策、资金、技术等供给和用水户协会建立是其基础。供水户的引入考虑了双层决策对节水配置的影响，并证明了政府投资、水权市场建立、计费方式更新和水价提高都会带来供水户节水投入增加。用水户视角下多元配置证明了政府的节水投入、交叉补贴、水权市场和农业用水户协会建立对节水配置的重要影响。并分析了用水户节水后去向问题，即农业节水与工业节水博弈，建立工业帮助农业节水基金,在产生转移效益的同时,防止工业对农业用水过多挤占,并建立最低农业用水量等相关制度。

本章创新点:①运用多元视角下不同配置手段分析了农业节水问题;②证明了水权市场、水价、水量约束、计量方式、用水户协会等对节水作用;③论述了农业节水的转移条件以及同工业节水的博弈。

第七章　多元视角下不同配置手段的水质研究

完善的节水研究应包括水量研究和水质研究。前面一章已针对农业水量节约进行研究。需要注意的是,我国现行管理体制在某种程度上制约了水量和水质的统一性,水量问题的管理主体水利主管部门,水质问题的管理主体环境保护部门,两者割裂带来了水量和水质实施主体的不一,从而影响了一系列配置。本章将基于多元视角下不同配置手段对水资源质量影响思路对水质问题进行专门研究:从政府(供水户)和用水户视角,分析政府采取计划配置如强制政策与行政命令管制、庇古税制度的作用与不足,以及采取市场配置如排污权交易制度的优势;进而分析政府视角下排污权交易制度建立的理论基础、运行的基础条件、排污权市场建立的框架和应注意的问题;最后站在用水户角度探讨排污权市场交易的几个关键的影响因素。

7.1　计划配置与市场配置的水质研究

政府视角下排污制度的建立是基于用水户在追求利润最大化过程中带来的环境外部性,以及环境容量稀缺性成为制约经济和社会发展的重要内生变量和刚性约束条件。政府视角下不同排污制度的演变是基于其复杂环境下管理成本的降低、信息不对称、社会福利改善、对用水户激励等要求。我国水排污制度的建立和演变正是基于其以上原因的内在需求,经历了三个阶段。首先是政府强制政策与行政命令手段阶段。这一阶段政府采取如环境影响评价、污染物排放标准、“三同时”制度、限期治理制度、排污申报和许可证制度、污染严重企业的关停并转、企业环境目标责任制、污染物排放总量控制等形式。其次是排污收税制度阶段。这一阶段政府采取谁污染谁负担原则,对排污企业征收庇古税,通过征税,实现外部效应的内部化。最后是排污权交易制度阶段。这一阶段政府根据流域污染控制水平确定污染物最大允许排放量,通过免费分配、出售或竞卖的方式将排污权赋予排污用水户,并允许排污用水户对其排污权进行自愿平等交易来降低其污染控制成本。排污权交易制度的实质是运用市场机制对污染物排放进行控制和管理,是一种以市场机制为基础的排污制度。目前,三个阶段中手段与制度由于各项配套不完善还处于共存状态。

7.1.1 政府视角下计划配置的优势与不足

政府强制政策与行政命令手段属于计划配置的一种,是政府通过对水质制度、标准的建立以及政府行政管理机构渠道的建立来实施水质管理相关制度。政府计划配置具有强制性、协调性,对解决用水户排污起到一定作用。但强制政策与行政命令手段本身存在着委托代理之间不协调多头治水的问题,以及流域管理与区域管理之间管理交叉的矛盾,地方往往采取流域管理中有利于区域的按流域管理办,不利于区域的按区域管理办的做法,致使我国水资源污染日益严峻。从表7-1中不难看出,2008年全国水资源一级区河流以及跨界水资源质量问题非常严峻。全国有40%的水资源处于Ⅲ类水以下,淮河区、松花江区、黄河区的问题更加严重。对表7－1中的Ⅰ～Ⅲ类内容进行比较分析，并绘图如图7－1所示，其中横坐标代表全国和主要流域的序号（同表7－1），纵坐标代表前三类水所占的比例。从图7－1中不难看出，跨省界水资源质量问题（除黄河区外）比水资源一级区本身更严重，这也印证了计划配置在流域管理和区域管理实践中存在着委托代理的问题。

表7－1 2008年中国主要流域水资源质量情况

水资源一级区	评价河长（千米）	分类河长占评价河长比例（%）						
		Ⅰ类	Ⅱ类	Ⅲ类	Ⅳ类	Ⅴ类	劣Ⅴ类	Ⅰ～Ⅲ类
全国	147727.5	3.5	31.8	25.9	11.4	6.8	20.6	61.2
淮河区	14130.5	0.5	15.6	23.3	18.1	11.3	31.2	39.4
松花江区	13562.4	0.8	17.0	29.2	25.2	6.3	21.5	47.0
黄河区	13847.7	5.2	12.7	21.3	13.5	10.5	36.8	39.2
长江区	41176.6	3.7	36.2	29.2	9.0	7.5	14.4	69.1
珠江区	18541.5	0.0	38.8	29.8	11.0	6.8	13.6	68.6

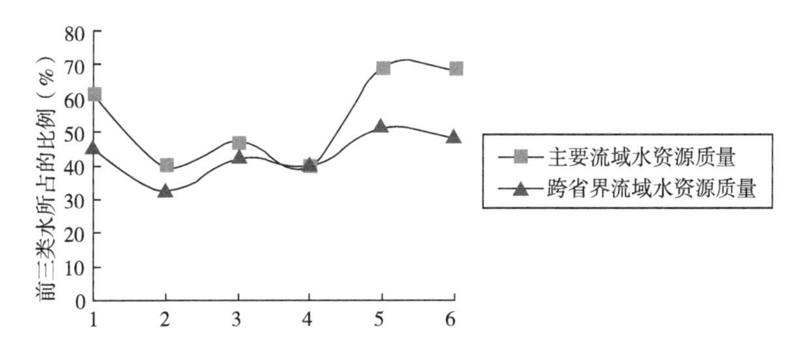

图7－1 2008年中国主要流域及其跨省界水资源质量比较

当然，政府强制政策和行政命令计划配置手段在实践过程中也存在不少其他的问题：第一，强制政策与行政命令手段在复杂环境下监督成本过高、难度过大，政府与用水户存在着一种“猫鼠”博弈。监督成本小时，用水户不偷排；监督成本大时，用水户偷排。所以说，政府要有效控制污染水平,面临着监督成本过高、难度过大的现实困境。也就是说,在现实中受制于人力、财力、能力等因素限制,政府很难全面适时有效监督,用水户偷排行为在违法成本不高情况下经常和重复存在。第二,政府强制政策与行政命令手段来自于不同行政部门,既有地方政府减排压力,也有生态环境部门减排要求。地方政府减排动力与经济发展相矛盾,地方政府真正具有减排内在动力往往伴随着经济发展跨越到一定程度,对环境水平诉求提高。而环境保护专门机构对各地区的环境要求是对等的。这就导致了地方经济发展与中央减排要求不一致,致使不同地方政府在环境保护执法过程中出现不对等。所以,政府强制政策和行政命令手段需考虑到各地区经济发展水平,对弱后地区实行财政转移和环境保护专项补贴等国内水保护交易政策,并对经济弱后水污染严重地区实行环境保护梯度政策。总而言之,生态环境部和地方政府协调应制定出适合各地区的水环境政策。第三,政府强制政策与行政命令手段来自于不同行政部门,整个管理监督体系不合理,体系的不合理容易导致寻租的产生。用水户企业会在减排和寻租成本之间进行选择,而整个水资源保护管理监督体系不合理正好为其寻租提供了便利由于水环境管理监督体系不合理使得问责不到位,问责不到位使得行政部门愿意出租,从而加大了用水户对行政部门寻租,根据破窗理论,最终会进一步加剧水环境恶化。第四,强制政策与行政命令手段无法赋予用水户治理污染和减少污染物排放的足够经济激励,致使排污单位不愿意改进生产工艺、提高技术水平、设备升级以及流程创新,削减污染物,因为用水户减污行为得不到市场肯定,没有收益,缺乏内在动力。政府行政命令计划行为在面对用水户产品市场行为时显得激励不足,用水户产品的低成本是其市场竞争力的重要因素,假设有两个用水户企业生产产品会产生污水,其他条件一样,其竞争力则主要受制于其成本。其污水处理会增加产品的成本,用水户 A 的博弈策略是按最低标准生产,按最低标准生产减少了成本支出,在收入一定时其获取收益大于其提高标准生产,同样用水户 B 的博弈策略也是按最低标准生产,因为其获取收益大于其提高标准生产。最终两个用水户企业博弈的结果都是按最低标准生产,不难看出行政计划手段缺乏对用水户的激励,排污标准提高不具有内在动力,具体分析如图 7-2 所示。由于按最低标准生产始终是用水户的占优策略,这样的困境在用水户企业非合作博弈中很难得到修正。第五,政府强制政策与行政命令减弱了公众和社会组织参与保护环境、监督排污企业的积极性。政府强制政策与行政命令干预没有把公众纳入到水环境保护政策体系中,公众和社会组织在水环境保护中没有被作为主体,不具备参与选择和决策的权力。这样公众和社会组织的积极性就很难发挥出来,而现实中仅靠政府管理监督又很难全面有效。也就是说,政府在理清自身管理体系时,必须通过适当机制和相关制度激励公众和社会组织,确立公众和社会组织参与水环境管理监督地位。第六,政府强制政策与行政命令手段,对用水户排污面临着信息不对称,政府确立政策时,由于对用水户生产排污成本同环境容量之间的关系很难确定,也就得不到用水户最优的污染物削减量。同时政府强制政策标准一旦确立,用水户就没有内在动力考虑如何进一步更好地减少排污量,提高排污标准。因为只要其满足政府强制政策的排放标准要求,就能随意排污而免除惩罚,这使得对用水户环保技术进一步创新和资金投入存在着制度障碍。

		用水户B	
		提高标准	最低标准
用水户A	提高标准	(2, 2)	(1, 4)
	最低标准	(4, 1)	(3, 3)

图7－2　用水户之间的博弈

7.1.2　庇古税制度的优势与不足

政府计划配置的强制政策和行政命令手段虽然对用水户排污行为有所作用,但也有不少问题。这就需要政府引入其他相关制度进行补充和修正。庇古税制度由英国经济学家庇古最先提出,然后相继被各国所用。庇古税是根据污染所造成的危害程度对排污者征税,用税收来弥补排污者生产的私人成本和社会成本之间的差距,使两者相等。庇古税原理如图7－3所示,假设用水户企业按照边际成本与边际收益相等来进行最大化生产。在没有征税情况下,企业最优生产量(排污量)为Q_1,在征收庇古税之后,企业的边际私人成本就会上升,从而达到了社会边际成本,此时企业最优生产量(排污量)为Q_2,其对水资源的污染就会减轻。排污税的确定关系到企业最优化生产,排污税根据不同行业制定不同标准,同一行业应使得各厂商平均边际削污成本等于庇古税。

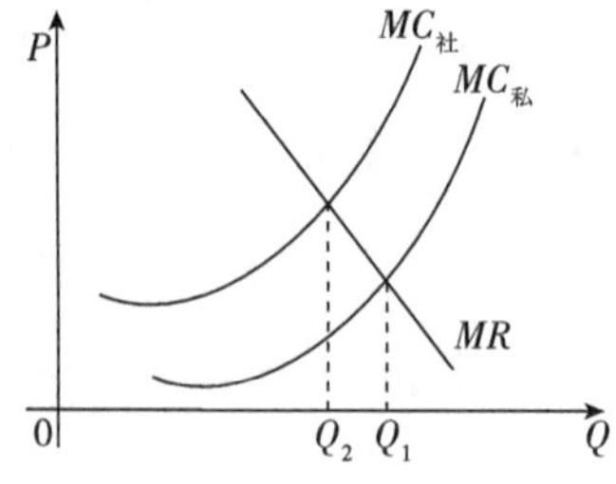

图7－3　庇古税原理

对企业征收排污税相比政府强制政策和行政命令具有以下优势：第一,庇古税增加了排污用水户企业选择权。政府强制的环境标准没有考察和重视企业在削减污染成本上的差异,限制了排污用水户选择权,不能以最为经济有效的方式实现环境目标。在征收排污税的情况下(排污税应等于排污用水户行业平均边际削污成本),不同的排污用水户企业将选择是自己削减污染还是缴纳排污税,以及同一用水户对不同排污量选择。当边际削污成本小于排污税时,企业将选择削减排污;反之,企业将选择缴纳排污税。同一用水户对不同排污量选择,具体分析如图7-4所示,曲线 $D_{需}$ 为用水户企业的排污需求曲线,T 为政府征收的排污税率,A 点为企业的排污需求量,曲线 MC 为用水户边际削污成本,不难看出用水户的最优策略是在 B 点之内选择削污,超过 B 点选择缴纳排污税,其成本面积为 $OANC$。企业单纯的削污,成本面积为 $OADC$,多重选择比单纯削污节约了面积为 MDN 的成本。第二,对排污用水户征收庇古税对其在环境技术创新上具有动态激励作用。在政府强制政策和行政命令手段下,排污用水户的环境策略是强监督时按要求排污,因此排污用水户不存在进一步削减污染水平的潜在动力。进而排污用水户也就没有积极性去对环境保护技术进行投入和创新。而对排污用水户征收庇古税,在排污税确定后,排污用水户进一步削减污染可以免交排污税,因此对排污用水户征收庇古税对其在环境技术创新上具有动态激励作用。第三,丰富了政府部门管理手段选择权。政府部门可以根据本地区环境状况,选择是实行单一的环境政策,还是实行综合环境政策。其中,对排污用水户征税,不同企业从生产上决策是进行减排还是纳税,从而减少政府计划配置管理水环境成本,进而更有效地治理好水环境污染问题。第四,对排污用水户征收庇古税具有对环境补偿功能。通过税收形式重新对资源进行配置,是排污用水户对环境破坏的货币形式补偿,是政府财政收入和筹措环境保护的重要资金渠道。而政府强制政策和行政命令手段则不具备对环境破坏常态的货币补偿功能。政府部门可以对排污税进行专款专用,以此为基础设立水环境生态补偿、水资源保护专项基金。

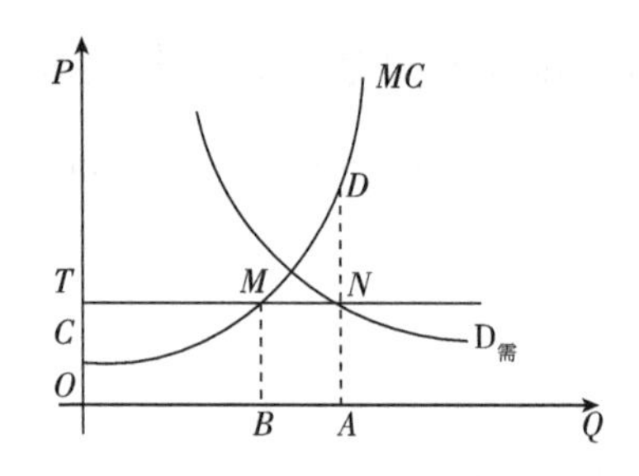

图7-4 用水户在庇古税制度下的选择

政府对排污用水户征收庇古税,对排污用水户和政府部门都具有一定好处,是对政府强制政策和行政命令手段的重要补充和修正。但随着经济发展,庇古税制度也面临着一些新问题是其自身所无法解决的,这就需要一种新的制度来完善水环境保护政策。这里需要回答两个问题,一是庇古税自身所面临困境是什么,二是新的制度是否具有优越性。第一,排污税标准的确定很难或不可能达到最优的污染物削减水平,因为政府管理部门面临着严重的信息不对称,其很难得到排污用水户生产成本的信息。对不同用水户生产函数,政府管理部门很难真实获取,也就无法确立最优排污税。第二,对于庇古税制度来讲,随着经济水平发展,要有效地动态维持环境质量最优目标,就要不断地调整税收标准,而在现实层面政府管理部门很难做到,一方面排污税自身调整存在黏性,很难做到及时有效,另一方面排污用水户很难接受。第三,庇古税制度同样减弱了公众和社会组织参与环境保护、监督排污企业的积极性。庇古税制度没有把公众纳入到水环境保护政策体系中,公众和社会组织在水环境保护中没有被作为主体,不具备参与选择和决策的权力,这样公众和社会组织的积极性就很难发挥出来。第四,庇古税制度虽增加了政府财政收入,但对排污用水户厂商征收庇古税,厂商会将税收计入产品成本,进而转嫁给消费者。另外,产品供给的减少会促使产品价格上升进而给消费者带来不利,所以说环境税收承担最终会转嫁给消费者,对消费带来不利影响,这与政府调结构、促消费的宏观政策相违背。第五,庇古税制度对污染物的总量不能实行有效的控制。只要排污单位个体数量增加,排污的污染物数量就会增加,只不过是对其进行了征税,而没有从根本上遏制其排污总量,同样也会导致环境质量随着排污单位个体数量增加而下降。这就需要引入其他相关制度和配置手段来解决政府强制政策和行政命令手段以及庇古税制度的不足,这也就是下面一小节所要分析的市场配置手段,引入供水户和排污权交易市场。

7.1.3 政府视角下市场配置的比较优势

无论是政府强制政策和行政命令手段还是庇古税制度,都存在政府计划配置面临的信息不对称问题,委托代理带来的成本和组织效率问题,污染物总量和动态控制问题,及其公众和社会组织意见如何表达问题,这是政府视角下计划配置难以解决的。所以,政府需要进行制度创新。这样就拓展了前面章节理论分析框架中基于政府视角下的市场配置,有助于弥补计划配置存在的不足。无论是市场配置还是计划配置,以及在市场配置中引入用水户协会配置都是互为补充,发挥各自配置优势。因此,借鉴国际成功经验,引入了排污权交易制度。

市场配置主要是建立排污权交易市场。排污权交易首先由美国经济学家戴尔斯(J. H. Dales)于20世纪60年代末提出,随后蒙哥马利证明其有效性。20世纪70年代开始,美国联邦环保局首先尝试将排污权交易逐步用于大气污染管理,特别是二氧化硫排污总量控制,获得了极大的成功。随后德国、英国、澳大利亚等相继进行排污权交易实践,并取得了成功。排污权交易制度是在满足环境质量要求的前提下,确定污染物排放总量控制指标,政府环境管理部门设定某一区域(流域)的特定污染物的排放上限,并按此上限对其进行分配,通过允许排污用户将其进行污染治理后所获得的排污权多余指标利用市场机制进行交易,来鼓励其加大环境投入和技术创新的一种环境保护制度。

排污权交易制度能否解决计划配置不足,是引入其之关键。排污权交易制度的优越性体现在:第一,排污权交易制度是给不同排污用水户选择权,庇古税制度是排污用水户对政府税收和削污成本进行选择,但对政府来说庇古税的确定存在着信息不对称问题。而排污权交易制度是不同排污用水户根据其治污成本与排污权市场交易价格进行选择,从而节约了排污用水户成本,社会整个治污得到了帕累托改进。假设有两个排污用水户,其治污边际成本分别为MC_1和MC_2。每个用水户的初始排污权一样为$Q_{排}$,排污权交易价格为$P_{排}$,如图7-5所示:如果没有进行排污权交易,排污用水户边际治污成本在超过Q_1时,就出现了效率损失;如果排污用水户进行排污权交易,交易量为$Q_{排}-Q_1$,其效率就会得到面积为ABC的帕累托改进。从中不难看出,排污权交易制度会降低整个社会的治污成本。第二,排污权交易制度解决了庇古税制度对污染物总量控制不足问题。排污权交易制度的核心就是确定某一区域或流域污染物排污上限,所以其环境质量目标是可控的。但政府强制政策和行政命令以及庇古税制度解决不了排污总量控制问题。如

图7－6所示，在庇古税制度下，设其庇古税为 T 时，用水户排污权需求增大时，其排污需求曲线 D 就会向右移动，从而其排污量就会由 A 增加到 B。而排污权交易规定了排污总量，排污需求增大，只会引起其排污权价格上升到 T_1，而不会带来排污量增加，其排污量仍为 A。随着经济发展和人们对环境质量要求提高，其污染物排污上限在排污权交易市场可以动态减少，排污权制度通过市场交易能够完成而不需要政府行政调整。政府作为交易方参与排污权市场购买部分排污权。这就减少了庇古税制度下政府需要不断调整排污税率来达到最优环境质量目标的困难。第三，排污权交易制度解决了政府信息不对称问题，因为政府不需要了解每个排污用水户的生产成本，因为每个企业根据其治污成本进行决策，是通过治理污染物出售排污权，还是去购买排污权。而在庇古税制度下政府必须清楚排污用水户治污生产函数，才能确定好排污税。第四，排污权交易制度有利于激励排污用水户治污资金、技术投入和创新。排污权交易形成了对控污需求，这就会激励部分排污用水户或专业污水处理企业加大资金、技术投入和创新，来满足市场排污权需求。只要排污权交易市场存在，这种激励制度就具有内生性。第五，排污权交易制度把公众和社会组织纳入到整个体系中来。排污权市场是个开放市场，每个人都可以在市场进行买卖交易，公众或社会环保组织如果想降低社会污染水平，只需要进入排污权市场购买排污权量，这样整个区域或流域的污染水平就会下降。而庇古税制度则很难给非排污者表达意见的机会。第六，排污权交易制度有助于协调经济发展与环境保护矛盾，遏制政府部门利己行为，方便其对环境状况宏观调控。政府强制政策和行政命令手段与排污用水户之间存在着管制与被管制的关系，出于环境压力，排污用水户新进入和新项目就会受到影响。排

污权交易制度建立后，由于其一定区域环境排污权总量的有限性导致其在经济发展时，工业布局就会朝着污染水平低、经济效益好的产业定位。政府庇古税制度存在着一方面允许排污企业多排污另一方面多收排污税利己行为的矛盾，而排污权交易制度只是满足排污用水户之间的交易需求，政府管理部门不存在利己行为。庇古税制度下政府很难调控环境质量，完全取决于排污用水户行为。而排污权交易制度下，政府变为交易一方，可以通过买卖排污权达到对环境质量的宏观调控。例如，当环境要求提高时，政府在排污权市场可以买进排污权。

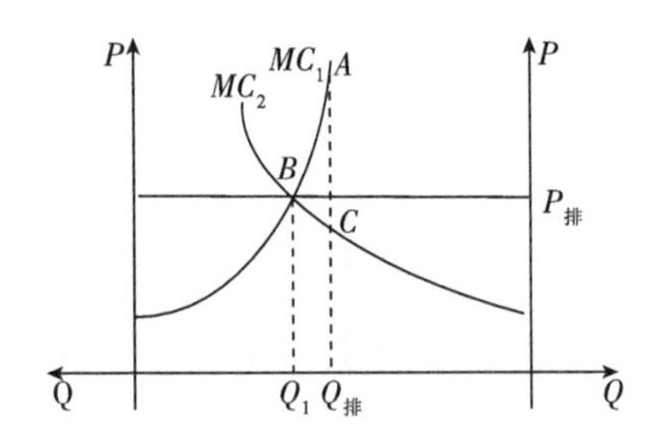

图 7－5　两用水户排污权交易

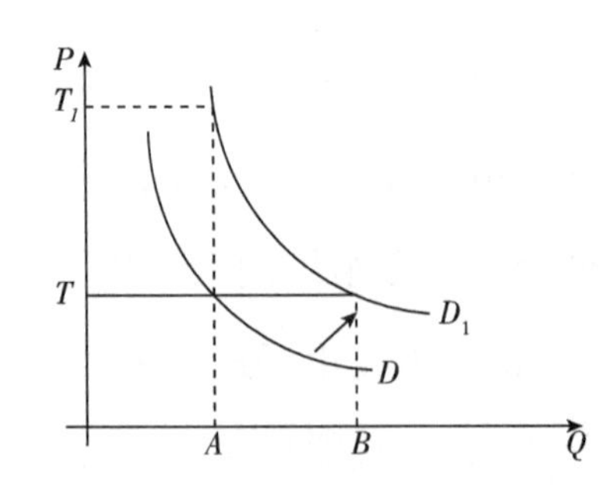

图 7－6　排污权交易与庇古税在排污总量上比较

7.1.4　用水户视角下计划配置的水质研究

用水户视角下计划配置部分缓解了用水户完全按照私人成本进行排污行为，政府强制政策和行政命令手段对用水户行为起到了外在规定性和约束,在缺少相关强制政策与行政命令手段时,用水户排污行为是随意和无约束的。所以说,政府强制政策与行政命令手段,对用水户排污行为规范、排污标准确定、排污数量规定具有外在规定性,从而促使用水户加大污水处理投入,对水环境保护起到了积极作用。政府庇古税制度则丰富了用水户选择权,其对用水户排污成本削减具有一定作用。计划配置对水质要求具有外在规定性,那用水户节水治污投入是否具有内在自发性,下面我们将通过用水户之间博弈进行分析。

在计划配置下,用水户针对水质是否会主动减排并加大治污投入,这是考核其政策有效性的重要标准。政府强制政策和行政命令手段,最终表现在用水户上,就是其治污是有成本的。由于在现实中用水户之间的信息存在不对称,为了满足其现实情况,分析用水户对其治污行为,是在不完全信息条件下。这就构成了不完全信息静态博弈。下面简单分析一下不完全信息下用水户减排治污行为,假设治污行为对所有用水户的好处是每个用水户都知道的,也就是共同知识,但每个用水户的治污成本只有自己知道。这里我们假设两个用水户,分别为用水户 A 和用水户 B,假设其治污成本分别为 C_a 和 C_b,为了分析简便,具有相同的、独立的定义在 $[C_0, C_1]$ 上的分布函数 $P(\cdot)$,假设其治污好处为 1 个单位,其中 $C_0 < 1 < C_1$,分布函数 $P(\cdot)$ 均为共同知识。令 $\alpha_b = P(C_b^*)$ 为均衡状态下用水户 B 提供治污的概率,那么就知道其不提供治污的概率为 $1 - \alpha_b$,而用水户 A 提供治污具有必要条件和充分条件,必要条件是只有预期到用水户 B 不提供,其预期收益为 $1 \times (1 - \alpha_b)$,而充分条件是其成本 $C_a < 1 \times (1 - \alpha_b)$,因此存在一个均衡分割点 C^*,$C_a^* = C^* = 1 - P(C^*)$。

假如分布函数 $P(\cdot)$ 是定义在 $[0, 2]$ 上,且服从均匀分布。通过计算不难发现 $\alpha_b = 1/3$,即用水户 B 以概率 1/3 选择治污,以概率 2/3 选择不治污，而用水户 A 治污时的预期收益为 $\alpha_b(1-C_a)+(1-\alpha_b)(1-C_a)=1-C_a$，用水户 A 不治污时的预期收益为 α_b。所以，当 $C_a\leqslant 2/3$ 时，用水户 A 治污时的预期收益大于不治污时的预期收益，用水户 A 有治污的积极性；反之，若 $2/3<C_a<1$，则用水户 A 将不主动治污，因为不治污时的预期收益大于治污时的预期收益。具体分析如图 7－7 所示。需要注意的是，运用纳什均衡分析其博弈均衡点存在三个，但满足其充分条件 $C_a<1\times(1-\alpha_b)$ 时，只满足上面分析情况。

		用水户B	
		治污	不治污
用水户A	治污	$1-C_a$，$1-C_b$	$1-C_a$，1
	不治污	1，$1-C_b$	0，0

图 7－7　用水户之间治污的博弈

通过对用水户视角下计划配置博弈分析，不难看出用水户视角下用水户主动治污存在不足，况且随着治污成本提高，其不提供治污的概率越来越高，超过单位 1 时，不治污就会变成每个用水户的占优策略。

7.2　政府视角下排污权交易制度的建立

通过前面的分析不难看出，无论是站在政府视角下还是用水户视角下排污权交易制度相比于计划配置下行政命令和庇古税制度都具有比较优势，本节将重点分析排污权交易制度的建立，具体将从其建立的理论基础，排污权交易制度建立框架和建立排污权交易制度需要注意的问题三个方面进行分析。

7.2.1　排污权交易制度建立的理论基础

流域水资源环境容量是其排污权确定和交易的基础，而其本身所具有的特性也是排污权交易制度建立的原因。流域水资源环境容量具有公共产品特性,公共产品特性不具有分割性和排他性。流域水资源环境容量很难进行分割和产权界定,因为水资源环境容量自净能力发挥作用就要靠其流动性。同时在规定环境容量内很难对排污用水户进行排他,也就是没有理由拒绝一个排污用水户时,同样也没有理由拒绝其他排污用水户。其理论基础来自于哈定“公有地悲剧”理论,也就是公有资产的个人理性带来的集体困境。根据哈定“公有地悲剧”理论,流域水资源环境容量公有特性必然带来对其的过度使用,从而导致水环境质量下降。排污用水户的这种追求利润最大化过程中由于水资源环境容量公共性的外部不经济行为成为政府建立排污权交易制度的原因之一。流域水资源环境容量具有稀缺性,水资源自净能力的有限性与排污用水户随着经济发展对排污需求增加之间矛盾带来了水环境容量的供给不足,同时在一定区域和时间内,水资源生产性和生活性功能难以同时体现,在满足生活性功能时,其生产性功能就会受到抑制,同样在满足生产性功能时,其生活性功能就会受到侵害,当其超过一定环境容量阀值,就会对其一方造成不可逆影响,就会使得其排污权变为稀缺性产品,根据马克思主义经济学理论,稀缺性产品具有交换价值。用水户的这种追求生活舒适性和生产经济性过程中由于水资源自净能力的有限性形成的流域水资源环境容量稀缺性成为政府建立排污权交易制度的原因之二。流域水资源环境容量具有外部性,排污用水户行为对水资源环境造成了影响而又没有将这些影响纳入到市场交易成本中。根据产权理论和科斯定理,只要明确界定所有权,市场主体或经济行为主体之间的交易活动或经济活动就可以有效地解决外部不经济性问题,排污用水户行为就会得到修正。公有的水资源环境管理的最大问题在于水资源的公有财产制度,即所有者、管理者和利用者三者之间分开,并且权责利不统一。如果水资源环境容量权利,即排污权明确界定并由所有者通过管理者进行了转让,而且利用者可以在市场上自由交易,资源所有者、管理者和利用者必然会详细评估水资源的成本和价值,每个排污用水户都会进行有效决策和配置。排污用水户的这种外部不经济行为在排污权界定和市场交易下得以修正是建立排污权交易制度的原因之三。

7.2.2 排污权交易制度建立框架

政府建立完整的水资源排污权交易制度应包含排污权交易市场运行的基础条件、排污权交易市场设置。基于水资源流动性特点,本研究所提排污权交易制度考虑的范围是流域内排污权交易市场。排污权交易市场运行的基础条件包括三方面:排污权界定相关法律制度、政府管理监督制度和政府相配套服务体系。

排污权界定相关法律制度。排污权交易市场建立离不开政府作用,排污权界定相关法律制度。第一,环境管理部门制定好流域和区域排污权总量相关制度。由于水资源特点很难建立全国统一的排污权交易市场,这就需要不同流域相关政府行政管理部门根据本流域特点,确定好本流域环境容量及其排污权总量,然后再结合流域内不同区域发展要求,明确各级地区排污权量,并做好区域排污权量交易相关制度安排。第二,制定排污权交易制度相配套法律体系,明确交易主体之间、政府与交易主体之间、公众和社会组织同交易主体之间权利义务,这里涉及区域之间协调和区域内部两类,尤其是区域之间排污权量交易产生纠纷所承担法律责任和解决相关问题的法律依据。第三,制定好排污权交易的具体规则制度,这里涉及排污用水户如何配置其排污权,如何规范其交易行为以及如何降低排污权交易成本问题等,具体分析将在本章第三节分析。

政府管理监督制度。第一,建立排污权交易激励机制。政府在管理排污用水户行为时很难做到全面有效监督,过程管理需要政府付出巨大的管理成本,人员安排复杂,而且过程管理本身也很难监督参与过程的管理人员。这时可以结合目标管理,对削减排污并积极出售排污权指标的排污用水户,政府可以从税收、环保技术、资金投入等方面给予政策引导,鼓励其对减排资金、技术投入。第二,政府建立动态有效监督机制。首先,应制定好污染物排污标准、监测标准以及违规排放的惩罚标准。其次,对排污用水户排污口进行不定期动态监测,加大违规惩罚力度以致核销其排污权。最后,政府管理监督部门应建立定期公示制度,以接受公众和社会监督,这样就可以对政府管理监督部门不作为和出租行为进行监督,预防管理监督部门权力成为排污用水户寻租目标。

政府相配套服务体系。第一,建立排污权交易平台。因为很难靠排污用水户自身建立排污权交易平台,因为收益与成本不对称。这就需要政府参与建立,并积极促使排污用水户参与到排污权交易平台中,政府可以通过培育供水户公司,运用公司化方式运行,减轻政府配置成本,提高配置效率,也能执行政府配置意图,这在第三章做了详细分析。同时应建立排污权交易平台场下询价机制,确保排污权交易价格起到引导作用。第二,建立排污权交易中介代理机构,把排污用水户供给和需求信息及时准确地反映到排污权交易市场相关参与者中,代理机构专业划分工会减少排污用水户供给方和需求方的信息成本、搜索成本、议价成本等,信息不对称和交易成本的存在一方面会阻碍排污权交易的发生,另一方面供需匹配没有达到最优。

排污权交易市场设置是建立在排污权界定相关法律制度、政府管理监督制度和政府相配套服务体系三个基础之上的。其运作思路借鉴股票市场交易体系包括:包一级市场,即股票的发行市场;二级市场,即股票流通市场。水资源排污权交易市场设置也应包含两个市场:一级市场,排污权分配市场;二级市场,排污权流通市场。一级市场,主要参与者分为两个层次,分别是流域管理机构同区域政府管理部门,区域政府管理部门同排污用水户。流域管理机构同区域政府管理部门这个层次的分配主要是靠行政手段无偿分配。当然,随着环境要求提高,流域排污权总量应逐级递减,也就是存量资源分配应按比例动态微调,保证各区域公平。分配原则可按各地区经济总量,也可按照各地区人口总量为主,再结合各地区产业结构比例为辅,具体分配方法将在下一节做详细分析。由于各地区产业结构不一致,有些地区可能是重污染产业为主,排污权量相对多些,但也不能全部满足,必须通过排污权量限制促使其产业转移和升级。区域政府管理部门同排污用水户这个层次的分配主要以无偿分配为主、竞价拍卖为辅的混合机制。分配原则以排污用水户往年经济规模为主,再结合其产业特性为辅。对属于重污染的排污用水户排污权量需求也不能无偿全部满足,必须逐年递减限制其排污权量以促使其产业升级,加大减排的资金、技术投入。同时各地区政府必须对排污权做一定比例留置,以便将来给予治理污染积极排污用水户以奖励和新成立公益性单位和特殊用水户予以政策扶持。在部分有条件区域,政府管理部门培育供水户公司,借助专业化运作平台来管理,减轻政府配置成本,提高政府配置效率。排污权交易的一级市场同股票一级发行市场一样主要是分配市场,排污权不能交易流通。

对于排污用水户之间排污权供给与需求如何满足，这就需要设立排污权交易的二级市场。下面将具体分析排污权交易的二级市场。

排污权交易的二级市场是流通市场，这里交易类型和性质主要有五种：第一，区域内排污用水户之间排污权买卖，主要是过剩排污用水户与不足排污用水户和新成立排污用水户之间交易。这是排污权交易二级市场的主要交易形态，也是成立排污权交易市场的理念所在，通过排污权交易减少各类用水户减排总成本。第二，排污权回购市场，主要是借鉴股票市场，当行情不好时，由政府性质基金购买股票来稳定市场。同样当水环境质量恶化时，由各级地方政府或代表地方政府供水户公司参与到排污权交易中去，去回购企业手中排污权或者直接参与排污权买卖。排污权交易市场是政府调节环境质量目标的重要手段，而且是行之有效、低成本的。第三，排污权交易二级市场参与者还包括公众和社会组织同排污用水户之间排污权买卖。公众和社会环保组织出于对环境质量要求，购买多余排污权量，以减少对环境破坏。这是公众参与环境管理的重要表达形式，可以专门成立公众和社会环保组织基金，作为一支重要力量参与到排污权交易市场中去。第四，排污权交易市场投机者。只要有市场存在就有投机者，股票流通市场存在着大量靠赚取差价的投机者。区域地方政府可适当地鼓励投机行为，因为适当的投机行为可增加市场的活跃度，投机者在市场上进行相对于市场价格的反向操作有助于稳定市场。但应防止投机者对排污权市场的垄断，避免出现类似于股票市场坐庄等操纵市场行为。第五，排污权跨地区交易。排污权交易市场禁止不同地区排污用水户之间个人交易，因为一旦允许，就会破坏一级分配市场。同时水资源特点决定了跨区交易成本较大。排污权跨区交易集中于本地区内部交易后出现排污权总量剩余，由本地区政府购买多余排污权量，再出售给排污权量不足地区。这里各地区政府行为就相当于股票市场专业代理人行为。通过以上分析，不难看出排污权交易市场设立需要三个基础条件和借鉴股票市场成功运行模式，具体如图 7－8 所示。

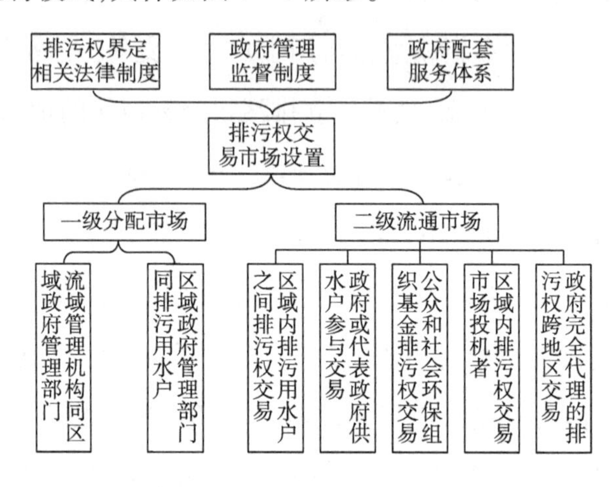

图 7－8　排污权交易市场框架

7.2.3　排污权交易制度建立需要注意的问题

排污权市场交易制度建立，需要政府考虑的问题很多。这些问题解决得好坏直接关系到排污权交易市场的发展状况。第一，流域管理机构对排污权交易市场排污权总量的确定依据是什么，以及二级流通市场排污权交易平均价格的形成依据是什么。排污权总量的确定依据主要来自于水资源生产性和生活性这对矛盾均衡点，生产性可以理解为排污用水户为了追求经济发展排放污染物，生活性可以理解为随着污染物排放增加，人们舒适指数会下降。这里就需要一个均衡，过多污染物排放带来生活性水平下降，而过高生活性必然带来生产性水平的不足。这可以通过图 7－9 来解释。水资源生产性随着排污量 Q 增加，其收益也在增加,水资源生活性随着排污量增加,其收益在减少,Q^* 为其均衡点。如果确定了行业排污用水户平均治污成本曲线 S,就不难确定其排污权交易平均价格应为 P^*。第二,流域排污权交易市场涉及流域管理机构同区域地方政府博弈问题。各级区域地方政府以经济建设为中心,一定从本地区经济发展考虑问题。当流域管理机构同其目标一致时,区域地方政府就会支持流域管理机构决策;而当两者目标不一致时,如排污权量过少时,减排压力过大时,区域地方政府就会尽可能维护本地区利益,消极执行流域管理机构决策。而流域管理机构对区域地方政府的监督成本较高,区域地方政府就会利用其信息不对称,导致区域排污权超标,从而对全流域造成了影响。所以,区域地方政府面临着机会主义倾向。一旦同流域管理机构零和博弈的行为使其获取收益大于所需承担的成本,在信息不对称掩饰下,其地方利益就会得到膨胀。流域管理机构应通过区域间协调机制,准确引导排污权量不足地区往往也是落后产能和高污染集中地区,加大对区域地方政府的监督,对出现问题应加大惩罚力度和追究领导责任,只有违规成本大于其机会主义倾向所带来的收益其自利行为才会得以修正。第三,流域管理机构在一级排污权市场分配方式问题。主要考虑流域管理机构如何进行区域分割,过去水资源管理往往过于路径依赖,行政每一级都要进行分割。流域排污权交易分配市场应压缩传统的流域到省、省到市、市到县、县到排污用水户四个等级。流域没有超过一定省份时,可以直接流域到相关市,市可以直接到排污用水户,这样四个等级就变为两级或三级排污权分配市场。一是由于流域和它的各级代理人利益目标的差异,以及各级代理者的机会主义行为,致使排污权的所有权代理人在没有约束和竞争的情况下可能产生严重的政府失灵。等级分割越多,从而代理层次越多,政府失灵越严重。二是在区域排污权交易流通市场范围扩大了,排污用水户选择性更强,市场竞争更充分。第四,区域地方政府在排污权交易中包括了代表流域的下级水资源管理部门和地方政府,下级水资源管理部门是受制于流域机构,但又属于地方政府所辖部门。其不同在于,两个部门是分割行使排污用水户排污权,还是协调共同行使排污用水户排污权。流域管理机构一定要明确,因为排污权量属于稀缺性产品,如果分割行使,下级水资源管理部门和地方政府都拥有排污权量,由于他们处于优势,排污用水户处于劣势,排污用水户为获取更多排污权量会进行寻租。这样下级水资源管理部门同地方政府会进行博弈,因为谁对排污权拥有控制权,谁就有话语权,而且责权利也不统一,相互推托。所以,排污权应在区域地方政府中保持一致,下级水资源管理部门同地方政府应确立统一的排污权量,由水资源管理专门机构行使排污权量。

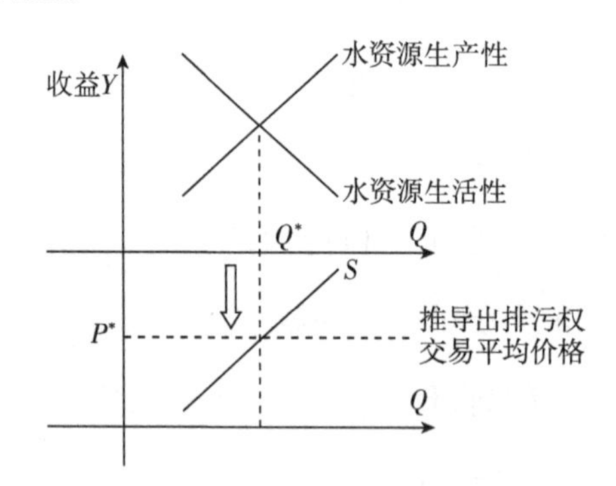

图 7-9 排污权量的确定依据和排污权交易平均价格的形成

7.3 用水户视角下排污权交易的影响研究

政府强制政策和行政命令手段以及庇古税制度在水质配置中存在不足,而市场配置在水质管理中拥有比较优势,进而引入排污权交易市场,并培育供水户。其排污权市场建立的目的满足排污用水户排污需求,并有效控制排污总量。排污用水户通过对其生产产量的确定,以及治污边际成本、需要交易排污权量、排污权价格等的确定,得出了排污用水户最优削污水平和交易排污权量。但排污权交易市场受制于多种因素影响,会对其最优削污水平和交易量产生影响。下面我们将简单分析排污权市场用水户最优排污权量的确定以及跨时段交易、不同分配方式、不同市场结构类型、交易模式四种因素对用水户排污权交易市场的影响。

7.3.1 用水户最优排污权量的确定

排污权市场建立对用水户来说丰富了其排污选择权,使其可以选择治污和排污权量交易,有利于降低用水户治污总成本。本小节将通过数学模型,证明排污权市场对用水户治污成本具有帕累托改进,通过确定其最优排污权量和治污量达到收益最大或治污成本最小。

前面已经论述过,受制于排污权商品的特殊属性以及不同流域、区域影响,排污权市场只能是流域性和区域性的,不可能成为全国性市场。这里我们假设某一流域排污权总量为 Q,有 n 个排污用水户,初始排污权量为 q_i,每个用水户取水量为 x_i,实际每一单位用水量产生排污量为 f_i,用水户实际排污量为 h_i。本研究采用微观经济学寡头竞争模型。

由此,$(x_i f_i - h_i)$ 则为用水户通过治污减少排污量;$(h_i - q_i)$ 则表示通过排污权市场交易排污权量;$(h_i - q_i) > 0$ 表示用水户需要从排污权市场购买,$(h_i - q_i) < 0$ 表示用水户通过排污权市场出售其排污权量。根据寡头竞争模型,其交易价格跟交易大小有关,假设其排污权价格为 $p_q(X) =$

$a-bX, X=\sum_{i=1}^{n}(q_i-h_i)$。

假设用水户治污成本跟其治污量大小相关，其治污成本函数为 $\varepsilon_i(x_if_i-h_i)$，治污成本随着规模效应呈现边际成本递减特点，得出 $\varepsilon_i(0)=0, \varepsilon_i{}'(x_if_i-h_i)<0$。假设用水户收益取决于其取水量大小，其收益函数为 $Y_i(x_i)$。根据边际收益递减规律，得出 $Y_i(0)=0, Y_i{}'(x_i)<0$。

用水户净收益为：

$$\psi=Y_i(x_i)-\varepsilon_i(x_if_i-h_i)-(a-bX)(h_i-q_i) \quad X=\sum_{i=1}^{n}(q_i-h_i) \tag{7-1}$$

供水户根据一定分配标准及其自身流域排污权量，确定各用水户初始排污权量，然后各用水户在此基础上进行排污权市场交易，以满足其用水户排污权量盈亏需求。其属于完全信息两阶段动态博弈，根据泽尔腾的“子博弈精炼纳什均衡”的逆向归纳法求解。

对于其他用水户取水量 $x_j(j\neq i)$ 和排污权量 $h_j(j\neq i)$ 给定后，作为理性个体会做出最优决策 (x_i^*, h_i^*)，以使自身净收益最大。对表达式 (7-1) x_i 和 h_i 分别求导，最优化一阶条件为：

$$\partial\psi_i/\partial x_i^*=Y_i{}'(x_i^*)-f_i\varepsilon_i{}'(x_i^*f_i-h_i)=0 \tag{7-2}$$

$$\partial\psi_i/\partial h_i{}^*=\varepsilon_i{}'(x_if_i-h_i{}^*)-a-2b(h_i{}^*-q_i)+b\sum_{j=1,j\neq i}^{n}(q_j-h_j)=0 \tag{7-3}$$

根据纳什均衡的定义，满足市场达到均衡的状态，每个排污用水户决策 (x_i^*, h_i^*)，$(i=1,\cdots,n)$ 都必须满足表达式(7-2)和(7-3)，即：

$$\partial\psi_i/\partial h_i^*=\varepsilon_i{}'(x_if_i-h_i)-a-2b(h_i{}^*-q_i)+b\sum_{j=1}^{n}(q_j-h_j^*)=0 \tag{7-4}$$

这样得到一个纳什均衡解 $(x_i^*, h_i^*)(i=1,\cdots,n)$，达到各用水户净收益最大。

从中不难看出，排污用水户排污量选择需考虑治污成本和排污权市场交易，纳什均衡解是其两者的综合。其也证明了排污用水户能够利用排污权市场配置，求得自身净收益最大。

7.3.2　跨时段交易对排污权交易的影响研究

前面分析了排污权市场对用水户的有效性，但排污权市场受制于很多因素影响，下面四个小节将研究影响用水户排污权交易的四个因素，以及如何应对的方法。

本小节研究排污权交易市场中排污权时效问题。跨时段交易关系到排污用水户的行为。如果排污权时效过短，超过规定时效排污权就会丧失其权利。排污用水户将缺少对排污权的理性决策，将会大大地限制其当期超额减排的积极性，造成了过多追求短期效应，导致了长期非理性。这就要求排污权时效必须具有连续性，即当期排污权可以转移到下期使用。这样排污用水户就会进行理性决策，不会出现当前多余排污权丧失问题。这种允许当前排污权可以流转到下期的规定带来了排污权交易市场的另一种交易方式，即排污用水户可以进行跨时段交易，即排污用水户可以将本期多余的排污权量，转移到下期，以备将来使用，同样将来的排污权量可以折算给当前使用。当前多余的排污权量转移到下期使用，对于各方来说，不存在排污权使用风险。将来的排污权量折算给当前使用，会造成排污权量的透支，这就好比银行系统，如何给一个人多大信用额度，才不会造成银行和个人风险。银行的依据是这个人未来的现金流和信用等级。同样这里可以借鉴银行的做法，给排污用水户建立信用档案，并对其将来的排污权量进行估算，从而折算出当前可以允许的最大授信额度。当然,最大授信额度,不能超过可以预期排污权量的一半。

为什么允许排污用水户进行跨时段交易,这样做好处是什么?排污权交易市场本质是不同人治污成本不一样,排污权交易有利于社会总成本的节约。同样的道理,跨时段交易是由于环保设备、材料、市场等因素造成不同时间交易,面临治污成本不一样。允许借贷一部分排污权跨期使用,从而排污用水户的治污总成本得到了节约。允许排污用水户借贷排污权必然会对排污权在不同排污用水户交易中造成影响。这就要求排污权交易市场须严格执行排污权借贷行为,尤其是对借入行为须有利息作为时间成本,因为将来环境要求越来越高,加上排污用水户将来面临着经营不善的风险。同样也存在对将来排污权量预期不稳定造成贷出行为过多,进而造成当前没有排污权量出售,排污权交易市场过于冷清的风险。所以,必须对排污权量借贷行为从数量上加以限制,设置其借贷最高上限,以不影响排污权交易市场正常交易为前提。具体如图 7-10 所示。

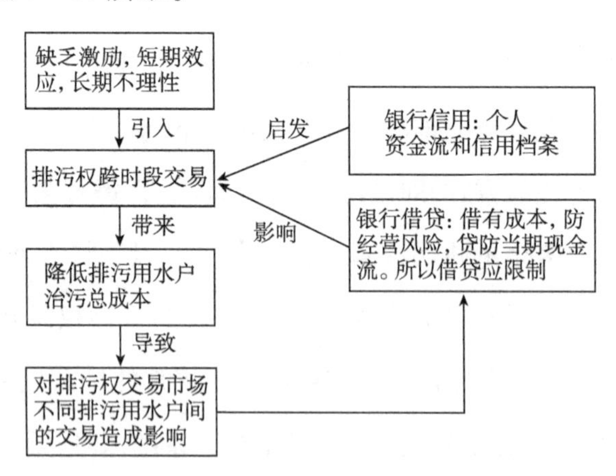

图 7-10 排污权跨时段交易影响分析

通过对排污权跨时段交易原理、作用和意义的分析,得出了排污权跨时段交易的必要性。下面我们将简单分析排污权跨时段交易如何对排污用水户行为产生影响。这里借鉴 Rubin 的连续时间排污权银行模型的思想,即排污用水户手中的排污许可总量不得小于排污权量约束下使得排污用水户经过贴现利润最大化的排污权量。

Rubin 的连续时间排污权银行模型的思想:考虑第 i 期,时间跨度为 $[0,I]$。假设排污用水户生产的产品价格不受其影响为 $P(i)$,生产的产品产生污染物具有正相关,即 $Q(i)$ 单位产品污染数量为 $H(Q)$,生产产品的成本为 $C[Q(i),H(Q),i]$,这里排污用水户排污权量为 $H(i)$,$Y(i)$ 为排污用水户排污权交易量,$Y(i)>0$ 表示购买排污权,$Y(i)<0$ 表示出售排污权,排污权交易价格为 $S(i)$,$F(i)$ 表示排污权存量。ρ 为贴现率。可以对第 i 期求利润 π_i 为:

$$\pi_i = H^{-\rho i}\{P(i)Q(i) - C[Q(i),H(Q),i] - S(i)Y(i)\} + \lambda[H(i) - H(Q) + Y(i)] \tag{7-5}$$

其中,λ 为共生状态变量。

排污用水户总利润 π 为:

$$\pi = \int_0^I H^{-\rho i}\{P(i)Q(i) - C[Q(i),H(Q),i] - S(i)Y(i)\}\mathrm{d}i \tag{7-6}$$

约束条件:

$F(i) = H(i) - H(Q) + Y(i)$

其中,第 0 期时,$F(0)=0$,第 I 期时,$F(I)\geqslant 0$。

从 Rubin 的模型不难看出,允许了排污权进行跨时段交易,排污用水户追求利润最大化,与其不能进行跨时段交易,用水户的行为是不一样的。考虑跨时段交易的排污用水户考虑了排污权交易量 $Y(i)$,以及 $F(i)$ 排污权存量,从而降低了用水户的成本,这与不允许用水户进行跨时段交易,用水户的选择是不一样的。通过对 Rubin 模型的应用不难看出,跨时段交易的确影响到用水户行为,使用水户合理确定其排污权存量 $F(i)$,从而达到如图 7-9 所示的效果。

7.3.3 不同分配方式对排污权交易的影响研究

目前排污权交易市场的分配方式主要有三种:一是通过计划配置免费分配给排污用水户;二是通过市场配置进行标价出售;三对排污用水户实行竞价拍卖。这三种分配方式涉及区域地方政府同排污用水户之间行为,如何确保分配方式本身合理,存在的优缺点,以及对排污用水户产生何种影响。下面具体分析这三种分配方式。

免费分配就是区域地方政府按照一定标准将区域内特定污染物排污权总量免费分配给本区域的排污用水户。这里涉及免费分配标准是什么才能具有效率。如按照往年排放量多少核发排污权,这种标准刺激排污用水户多排污获取排污权,不具有激励减排动力。如按照排污用水户治污成本分配排污权,这样做会出现两个问题:一是用水户治污成本很难获知;二是激励导向不对,治污成本高获取排污权多,所以也不合理。这里设计绩效分配方法:首先对不同行业排污用水户进行分类,得出行业所在区域内排污权总量 $Q_{区}$ 的比重 ω_i,然后计算出行业平均绩效 A,其等于行业目标控制总量与该行业排污用水户的利税、营业收入、利润等某一值 X 的商。将每个排污用水户利税、营业收入、利润等某一值 X_j 乘以行业平均绩效,则可得到每个排污用水户排污权量 Y_j,假设共有 n 个排污用水户。其计算如下:$X=\sum_{j=1}^{n}X_j$,行业平均绩效 $A=Q_{区}\omega_i/X$,每个排污用水户排污权量 $Y_j=AX_j$。以上分配解决了不同行业用水户排污权量问题,但会带来行业集体犯错的系统风险,这时可以通过调节 ω_i 对重污染行业进行限制。

区域地方政府部门标价出售是以一定价格将排污权出售给排污用水户,即将排污权看作是一般性商品进行明码标价出售。如何合理定价是政府标价出售的关键。如按照排污用水户的私人成本与社会成本的差额来定价,则需要了解排污用水户的生产成本,但在现实中很难获取排污用水户的私人成本。如按照排污用水户治理污染的边际成本进行定价,同样需要了解排污用水户生产成本。这里设计恢复环境补偿方法:政府标价出售目的是利用其收入作为来弥补环境遭到破坏投资来源之一。所以,定价依据其弥补环境损失的投资不足。首先对不同行业排污用水户进行分类,得出行业所在区域内排污权总量 $Q_{区}$ 的比重 ω_i,T 为恢复环境原样的总投资,ψ_i 为该行业恢复环境投资所占的比例,政府标价 P 为 $T\psi_i/Q_{区}\ \omega_i$。其中,对标价出售数量需进行限制,价格最好是累进制,超过一定数量需进行加价,超过排污用水户排污上限就不准其购买。这样使得排污权这一公共资源能得到公平均匀合理的分配。

政府竞价拍卖是基于排污权交易存在着信息不对称,水资源本身价值、权属价值定价困难、计算复杂,按模型的假设计算又不能完全反映排污权真实情况,同时水资源分布导致了排污权区域分布不均匀性和复杂性。政府竞价拍卖具有价值发现功能,减少了信息成本,增加了成本分配的弹性,提高了排污用水户治污资金和技术投入与创新,减少了政府租金分配标准不一的差异并具有相对的公平性。免费分配和标价出售两种分配方式的不足同竞价拍卖自身的优势正是政府引入竞价拍卖机制的原因。区域地方政府实行拍卖的排污权属于同质可分物品,其拍卖具有私有价值和共同价值的双重属性。目前,政府竞价拍卖的方式主要有四种:英式拍卖(公开升价拍卖)、荷式拍卖(公开降价拍卖)、一阶密封投标拍卖(一阶密封报价拍卖、第一价格密封拍卖)、二阶密封投标拍卖(Vickrey 拍卖)。排污权拍卖主要适用标准升钟拍卖和一阶密封投标拍卖两种方式。这里简单介绍一下一阶密封投标拍卖的理念和思路。供给方区域地方政府采用一阶密封投标方式拍卖某特定污染物排污权量为 Q 的产品,需求方为本区域排污用水户,并同时进行密封投标,投标的内容即为拍卖价格 p_i 和数量 q_i。开标后由单价最高的排污用水户按照标书上的价格获取相应数量排污权,其他买方不能获得排污权。剩余的排污用水户和剩余的排污权进入下一轮密封投标拍卖,直到所有排污权量出清为止。

通过对以上分析,不难看出三种排污权分配方式各有利弊。免费分配排污权不能对排污用水户产生激励,同时对新排污用水户不公平,政府没有从排污用水户那里获取收入来补偿环境损失。优点是便于排污用水户接受,易于执行。标价出售信息成本高、缺乏正确定价的模型、排污用水户不易接受,优点是政府所得能补偿环境损失、部分激励排污用水户治污投入。而竞价拍卖避免了免费分配和标价出售的缺点,但排污用水户不易接受,实行难度比较大。政府的竞价拍卖完全享受消费者剩余,而标价出售则排污用水户部分享受消费者剩余,免费分配则排污用水户完全享受消费者剩余。综合以上对三种分配模式的分析,结合政府和用水户两者利益综合考虑,比较可行的法案是以无偿分配为主,预留一部分排污权再结合标价出售或竞价拍卖等方式。随着排污权交易市场成熟以后,可以逐渐增加竞价拍卖的比例。

7.3.4 不同市场类型对排污权交易的影响研究

排污权市场与排污用水户产品市场的市场结构类型对排污权交易也会产生很重要的影响,因为不同市场结构类型就会带来不同竞争和市场势力程度。市场结构分为完全竞争、垄断竞争、寡头垄断和完全垄断四种，按照产品市场和排污权市场，每一种类型对应有其他四种类型，这里就有十六种情形。由于排污权交易市场是区域性的，完全竞争理想化情形在区域性市场很难做到。建立排污权市场的目的已经排除完全垄断情形，如果排污权市场完全垄断，则其建立就没有意义了。所以，排污权市场主要为以竞争为主的垄断竞争和存在市场势力的寡头垄断两种类型。产品市场竞争是全国性的。为了方便对产品市场再做进一步优化，这里简单分析最为常见的两种情形：即产品市场以竞争为主的垄断竞争类型和存在市场势力的寡头垄断类型，这样情形就演变为四种。下面我们分析不同排污权市场和产品市场类型之间会对排污权市场产生何种影响。

假设产品市场是垄断竞争，垄断竞争不存在市场势力，排污用水户对市场影响较小，产品差异性不大，所以对排污权市场不会造成垄断。每个排污用水户可以通过买卖排污权，使得边际治理成本下降。因此，在垄断竞争市场中，无论区域地方政府采取何种初始排污权分配方式，每个排污用水户的治理成本都可以减少，并接近完全竞争市场治理成本的最小值。如果排污权市场存在垄断势力，其垄断势力来源于多方面因素：第一，产品市场结构会影响排污权交易市场的结构，这是后面将要分析的；第二，高产量的厂商对排污权有较大的需求，容易在排污权交易市场形成垄断地位；第三，一些排污用水户与区域地方政府存在紧密联系，或者说就是某地方政府附属企业，这样的排污用水户可能会获得过多初始排污权量，从而具有影响排污权市场交易的能力。排污权市场垄断行为也会对其产品市场存在影响。垄断一方通过限制排污权量，与产品市场竞争对手进行竞争时，利用其排污权量优势，从而在产品规模、成本、价格等方面获得优势。这时政府应通过指令性分配消除这种排污权市场垄断行为对产品市场造成的影响。从以上分析不难看出,产品市场垄断竞争对排污权市场配置不会形成阻力。但排污权市场垄断行为会形成产品市场排污用水户战略行为,对产品市场垄断竞争形成了不公,这时应通过政府指令性配置和最高上限额度等手段,消除排污权市场垄断势力。

假设产品市场是寡头垄断,存在着垄断势力时,排污权市场的有效分配必将受到影响。排污用水户为了取得在产品市场的垄断地位,需要对排污权量进行控制,进而可以通过其垄断行为影响排污权交易的价格,使得其均衡价格偏离排污用水户的边际治理成本,从而增加了整个排污权交易市场治理总成本。产品市场垄断行为对排污权市场干预,使得排污权市场结构受到了破坏,也就是说,产品市场垄断方,为了保持其垄断势力,必然延伸到影响其垄断势力所有因素,包括排污权市场。为了防止产品市场垄断行为对排污权市场的影响,即丧失了市场配置和降低排污用水户治总污成本的功能,此时政府应加强指令性配置,并对交易行为、交易异常账户等进行监管,以保证排污权市场配置合理与公平。排污权市场合理配置还可以反过来影响到产品市场寡头垄断,使得处于垄断地位的排污用水户由于排污量不足,使得其产量不足,从而削弱了垄断势力。也就是说,排污权市场垄断竞争会对产品市场寡头垄断市场结构产生影响。这里需要注意的是,政府管制的排污权市场不是说政府对市场取代,而是排污权市场利用其市场机制充分竞争情形下,政府对市场可能出现偏差进行管制,以便排污权市场更好地运行。由此不难看出,政府管制的排污权市场,能够保证和引导每个排污用水户合理配置,防止市场垄断行为出现,避免偏离排污权市场准确方向。

7.3.5 交易模式对排污权交易的影响研究

排污用水户之间排污权交易模式从广义上讲涉及交易方式、交易成本及其对交易监督等方面。下面我们将具体分析交易方式、交易成本及其对交易监督这三个方面对排污权交易的影响。

交易方式这里主要讲的是排污用水户之间,而区域地方政府与排污用水户之间是分配方式,这在上一小节已经分析过了。排污用水户之间的交易是采取政府统一定价或排污用水户标价出售,还是出售方进行拍卖,排污权交易市场价格形成机制是其选择的关键。如果排污权交易供方和需方数量足够多,其价格形成是由供需双方博弈的结果,排污用水户采取标价出售。如果排污用水户是供方数量少,需方数量多结构,其博弈不对称必然影响到弱势方利益,此时采取政府统一定价。如果排污用水户供需方数量不多,双方力量对等,则可以采取集中竞价拍卖方式,这样可以激励排污权供方的利益,让其享受消费者剩余。通过组织排污权供方和需方,然后由需方密封标价,根据标价高低,由高价需方按其交易成本选择交易对象,剩下供需方再进行密封标价,直到排污权量出清为止。

排污权交易监督的内容不仅涉及排污用水户排污量问题,而且还要监督排污用水户是否按照交易后的排污水平进行排污,供需双方的排污权交易是否符合要求,有没有侵害到第三利益等。由此不难看出,完全依靠区域地方政府单方面力量则很难进行有效监督,会出现排污权市场监督的力度不够、权力寻租等问题,需将公众和排污用水户纳入到监督体系中,这就需要公众和排污用水户承担相应责任。这里可以借鉴被告举证的思想,即将排污用水户纳入到排污权监督系统中,并且此系统对公众开放,接受公众和社会环保组织监督。在此引入专业第三方环境监测服务中心，也就是政府由过去监测排污用水户做法，改为由排污用水户或其聘请专业第三方进行监测并上报。而区域地方政府专注于对排污用水户监督和第三方机构审查，同时排污用水户上报环境监测情况需接受公众和社会环保组织的监督，以防政府出租其监督第三方监测情况的权力。这样做的目的，首先是区域地方政府工作压力减轻了，工作重点转向监督而不是专业监测，这样更有针对性；其次是排污用水户要想排污必须证明其排放是符合环境排放标准要求的，并引入第三方专业监测机构进行证明，效率更高；最后是使区域地方政府、排污用水户、监测代理机构、公众和社会环保组织四者之间形成了制衡。

对排污用水户排污权交易产生影响的还涉及交易方式的成本即交易成本问题。因为交易成本大小直接关系到排污权交易效率。那么交易成本来自于哪里？第一，信息成本。这涉及交易双方信息公开化程度，如何获取更多买方和卖方信息需要排污权交易一方进行搜索。第二，政策风险成本。交易后排污权涉及交易合规性检查，交易后排污权增加一方对第三方的外部性影响。第三，议价成本。即交易双方讨价还价成本，议价能力还取决于这里是否存在强势交易方，从而导致交易不对等。第四，交易费用本身。这涉及排污用水户交易所产生的交易印花税，排污用水户聘请代理人完成的代理费，以及交易产生的其他手续费。下面简单分析存在交易成本的排污权交易情况。如图 7－11 所示，Q_1为用水户 A 拥有排污权量，$Q_{排}$为其需要排放量。在没有交易成本时，由于交易双方边际成本存在差异，最优交易量为 $Q_1Q_{排}$，交易双方获取收益增加了如图 7－10 所示的面积 ABC；在存在交易成本时，双方交易量会减少，从而使得 B 点向上移动，进而 ABC 的面积就会减少，这样双方获取收益也会减少。

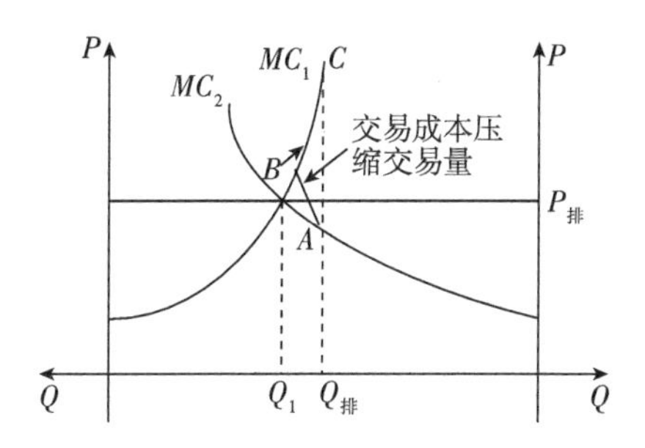

图 7-11 两用水户排污权交易受到交易成本的影响

7.4 本章小结

本章基于政府(供水户)、用水户视角,通过对计划配置下的强制政策和行政命令手段、庇古税制度,以及市场配置下的排污权交易制度的比较,对水质管理问题进行研究。从政府强制政策和行政命令管制手段的不足,引出庇古税制度,从计划配置的不足引出市场配置的排污权交易制度,并且得出排污权交易制度在微观管理上具有比较优势。当然,以上三种制度之间不是完全替代关系,而是在确立谁为主体问题,排污权交易制度离不开政府强制政策和行政命令手段对其的补充和修正。进而分析政府如何建立排污权交易制度,从建立排污权交易制度的理论基础分析,确立了排污权交易制度建立的条件,再到排污权交易制度主体框架和运行模式建立以及排污权市场建立需要注意的问题。最后站在交易主体排污用水户视角研究影响排污权交易的四种因素以及如何应对的方法。

本章创新点:①从不同水质管理的制度比较中引出了排污权交易制度;②论述了排污权市场的建立条件、建立框架、运行模式、需要注意的问题。

第八章　结论与展望

8.1　主要研究成果和内容

本研究基于水资源水量和水质供给与需求存在矛盾，水资源配置主体和配置手段过于单一的现实基础，建立了多元视角下不同配置手段分析节水问题，并将其统一到政府框架下，形成了基于政府框架下多元视角不同配置的节水理论，并将其理论成果应用到节水两方面，即农业水资源水量节约和水资源水质管理。取得了以下主要成果：

(1)政府视角下的计划配置机制基于整体效益最优的水资源分配机制，其有效性是拥有各用水户用水生产函数，但实际情况是政府很难拥有各类用水户用水信息。所以，政府管理边界确定的内在条件为政府搜索、信息、配置等成本与计划配置可能产生管理效益平衡点上；外在条件为市场配置运行成本收益比同政府集中计划配置成本收益比平衡点上。得出政府合理权限在水权初始分配这一层，以及水资源相关法律、制度、标准供给，水资源总体规划和大型水利设施投资主体，水资源参与者监督管理等方面。并对政府计划配置职能机构运用委托代理理论进行了优化。

(2)政府视角下的市场配置基于自主分散决策机制需要消息成本

小于政府集中计划配置。在水权市场中,从水资源产权界定,交易方式优化,建立多层次水权交易市场,并在二级和三级水权市场引入市场配置弥补政府计划配置的不足;在具体管理中,市场配置成本小于政府计划配置成本的都可以引入市场配置,对政府管理垄断部门的非垄断业务进行剥离,通过承包经营、拍卖、租赁经营、股份合作等形式进行市场化运作。

(3)政府视角下的用水户协会配置来自于用水户同质性和信息对称性带来的交易成本减少,以及确立用水户主体地位,从而激发用水户参与管理的积极性。所以,用水户协会配置在水资源末端管理、流域管理参与主体利益表达渠道上,在水权交易卖水方交易地位、规模效应和水资源有效节水管理上,相比政府计划配置具有其成本优势。当然,用水户协会的可持续发展和壮大需要政府在宏观上加强引导,在政策、资金、技术上加强支持。

(4)供水户视角下计划配置,首先供水户中间商的出现是对政府和用水户直供模式的重要改进,是专业化分工和效率提高的产物。政府视角下计划配置侧重于政府计划配置的优化,供水户视角下计划配置侧重于政府同供水户之间的制度安排。供水户中间商对政府部分职能进行替代,成了节水项目管理的载体和部分节水设施的供给者。依据政府对供水户监管程度,有政府完全垄断、政府部分放开和政府完全放开三种供水户模式。

(5)供水户视角下市场配置,从供水户运作方式市场化改革,即引入公司制,到市场配置带来的融资渠道拓展,水银行成立解决信息不对称,激发参与主体自主决策。供水户分水市场成立确立了节水新主体。供水户通过价格机制,实现水资源在各行业用水户之间配置,提高水资源利用效率,供水户通过双轨制、水权平抑基金、产业用水基本需求等措施,解决产业间用水分化和弱势群体用水下降问题。

(6)供水户视角下用水户协会配置,是基于供水户与众多用水户博弈中,存在监督成本和监督不连续性导致监管难,对同类别用水户成立用水户协会,利用用水户协会规范用水户行为,以及确立用水户水权交易参与方主体地位,用水户用水管理,水费收缴等问题上解决了用水户与供水户用水问题。同时用水户协会成立,“用脚投票”机制解决了政府对供水户监管难问题。基于用水户协会成立的中介组织解决了不同层次用水户之间的节水盈亏问题。

(7)用水户视角下计划配置从用水户与政府(供水户)博弈中,计划配置中用水户存在着夸大用水申请,超额取水,过度排放等问题,计划配置还会导致用水户节水自发投资被抑制,会引发用水户寻租,不能向用水户传递水资源稀缺性,以及没有确立用水户主体地位,缺少节水投入激励。进一步论述了政府计划配置在解决节水制度的公平性,流域协调性和平衡性,节水投资的资金、制度、技术以及生态保护上具有比较优势。

(8)用水户视角下市场配置,通过建立水权和排污权交易市场,水权交易实现了各类用水户水资源盈亏平衡,确立了用水户主体地位,向用水户传递了水资源稀缺性,提高了用水户多层次用水需求,提高了用水户水资源利用效率,提高了用水户节水意识,稳定了用水户的水质预期,具有比较优势。但市场配置也会带来对生态用水、下代人用水过多挤占,用水户之间配置的不公平,带来用水户水资源多目标冲突,以及需要解决的交易成本、交易外部性等问题,这就需要借助于其他配置手段。

(9)用水户视角下用水户协会配置在用水户协会的路径选择,用水户协会配置的末端管理优化,用水户协会水权市场交易方,用水户协会节水投资组织方。用水户协会配置具有节约交易成本,提高用水户议价能力,提高用水户间的协同效应,合理利用节水设备,减少用水户成员之间的博弈成本,即信息、管理低成本的比较优势。但用水户协会配置也会带来问题,非正式组织对用水户协会配置的影响,用水户协会配置配套设施不完善和系统不一致性,使得用水户协会存在双重委托代理协调问题。用水户协会配置存在的问题还主要表现在运作过程中的一系列宏观微观问题。

(10)多元视角下不同配置手段的节水研究。从水资源优化配置参与者和最终落脚点看都跟政府有关,统一不同视角于政府框架下,进一步理清在政府框架下供水户和用水户不同视角计划、市场和用水户协会不同配置手段的水资源配置作用范围和作用机理,及其同样配置在不同视角下作用范围和作用机理的不同,从而为水资源合理配置提供理论框架基础。

(11)多元视角下不同配置手段对农业水资源节约研究,证明了多元视角下不同配置手段对农业节水影响具有不同作用范围,在农业节水实际应用中应做好协调。政府视角下在面临着众多农业用水户决策对象时,其市场配置净收益大于计划配置净收益,证明了建立水权市场的必要性;供水户的引入考虑了双层决策对节水配置的影响,并分析了政府补贴、水权市场、水价提高、计费方式更新对供水户节水的作用;用水户视角下多元配置证明了政府的节水投入、交叉补贴、水权市场和用水户协会的建立对节水作用的重要影响。并分析了农业节水与工业节水博弈,建立工业帮助农业节水基金,在产生转移效益的同时,应防止工业节水的对农业节水的过多挤占,应采取建立最低农业用水制度。

(12)多元视角下不同配置手段的水质研究。从政府强制政策和行政命令手段不足引出庇古税制度,从庇古税制度不足引出排污权交易制度。从对不同制度比较研究,得出排污权交易制度在水资源水质管理上具有比较优势。当然,以上三种制度之间不是完全替代关系,而是在确立谁为主体问题,排污权交易制度离不开政府强制政策和行政命令手段对其的补充和修正。进而分析政府如何建立排污权交易制度,从建立排污权交易制度理论基础分析,确立了排污权交易制度建立的条件,再到排污权交易制度主体框架和运行模式建立以及排污权市场建立需要注意的问题。最后站在交易主体排污用水户角度,分析了影响排污权交易的四种因素,并提出了一些应对方法。

8.2 研究不足与研究展望

本研究存在的不足主要有以下两个方面:①由于对计划配置、市场配置和用水户协会配置很难确定其每个配置的具体数值,也就是说,在其配置范围界定上,还是基于计划配置、市场配置和用水户协会配置理论分析,而对计划配置、市场配置和用水户协会配置如何定量,在其定量基础上如何进一步量化计划配置、市场配置和用水户协会配置边界,并进行证明是本研究所缺失的;②由于管理主体和配置对象不一导致对水资源水量和水质研究进行了部分分离,如何将水量和水质研究进一步融合存在不足。

基于存在的不足,将来研究展望主要基于以下两个方面:①建立一个体系进一步量化不同配置手段的边界,基于数量分析基础上得出不同配置手段作用范围，使得计划配置、市场配置和用水户协会配置做到更加精确；②虽然水资源水量和水质属于不同性质问题，但仍需做好对水资源水量和水质研究的进一步融合，以及政府政策层面的实证研究，以确保政策的准确性和有效性。

参考文献

[1]水利部.2016年中国水资源公报[R].水利部网站,2017-07-11.

[2]王顺久,侯玉,张欣莉,丁晶.中国水资源优化配置研究的进展与展望[J].水利发展研究,2002,2(9):9-11.

[3]李令跃,甘泓.试论水资源合理配置和承载能力概念与可持续发展之间的关系[J].水科学进展,2000,11(3):307-313.

[4]王济干,张婕,董增川.水资源配置的和谐性分析[J].河海大学学报(自然科学版),2003,31(6):702-705.

[5]赵斌,董增川,徐德龙.区域水资源合理配置分质供水及模型[J].人民长江,2004,35(2):21-22.

[6]王浩,王建华,秦大庸.流域水资源合理配置的研究进展和发展方向[J].水科学进展,2004,15(1):123-128.

[7]王顺久.水资源优化配置理论与方法[M].北京:中国水利水电出版社,2007.

[8]翟浩辉.大力推进农民用水户参与管理 促进社会主义新农村水利建设[J].中国农村水利水电,2006(8):1-8.

[9]胡鞍钢,王亚华.转型期水资源配置的公共政策:准市场和政治民主协商[J].中国软科学,2000(5):5-11.

[10]王先甲,肖文.水资源的市场分配机制及其效率[J].水利学报,2001(12):26-27.

[11]曹永强,王兆华.市场经济条件下水资源优化配置研究[J].水利发展研究,2004(10):8-11.

[12]胡继连,葛颜祥.黄河水资源的分配模式与协调机制——兼论黄河水权市场的建设与管理[J].管理世界,2004(8):43-60.

[13]周玉玺,胡继连.基于水资源外部性特征的配置制度安排研究[J].山东科技大学学报(社会科学版),2002,4(1):67-70.

[14]汪恕诚.资源水利——人与自然和谐相处[M].北京:中国水利水电出版社,2005.

[15]徐方军.水资源配置的方法及建立水市场应注意的问题[J].水利水电技术,2001,32(8):6-8.

[16]徐华飞.我国水资源产权与配置中的制度创新[J].中国人口资源与环境,2001,11(2):43-47.

[17]Maass A, Hufscmidt M M, Dorfman R, et al. Design of water resource management [M]. Cambridge: Harvard University Press,1962.

[18] D. H. Marks. Dperating rules for joint operation of raw water sources[J]. Water Resour . Res. ,1971(7):225-235.

[19]Mulvihill W E. Dracup J A. Optimal timing and sizing of a conjunctive urban water supply treatment facilities[J]. Water Resour. Res. , 1971(7):463-478.

[20] Smith. Optimization of conjunctive use of surface water and groundwater with water quality constraints[A]. Proceedings of the Annual Water Resources Planning and Management Conference Apr 6-9[C]. Spon-

sored by:ASCE,1997:408 -413.

[21] Dudley, Burt. Management and system design for irrigation[J]. Water Resour . Res. ,1973(3):507 -522.

[22] Rogers. P. and S. Ramaseshan. Multi objective Analysis for Planning and Operation of Water Resource Systems: Some Examples from India, Paper Presented at Joint Automatic Control Conference,1976.

[23] Y. Y. Haimes. Coordination of regional water resource supply and demand planning models[J]. Water Resour . Res. ,1974,10(6):1051.

[24] J. A. Dracup&A. D. Fudmar. Optimization model for alternative use of different quality irrigationwaters[J]. Journal of Irrigation and Drainage Engineering. 1992,118(2):218 -228.

[25] J. M. Shafer&J. W. Labadie. Enhancements to genetic allsorts for optimal ground water management[J]. Journal of Hydrologic Engineering's ASCE,2000,5(1):67 -73.

[26] Pearson&P. D. Walsh. The Derivation and Use of Control Carves for the Regional Allocation of Water Resources[J]. Water Resources research,1982(7):907 -912.

[27] P. W. Herbertson&W. J. Dovey. The Allocation of Fresh Water Resources of a Tidalestuary[J]. Optimal Allocation Water Resources (Proceedings of the Enter Symposium),1982(7):357 -365.

[28] E. Romijn M. Taminga. Allocation of Waer Resources Proceedings of the Symposium[Z]. 1982.

[29] G. Yeh. Reservoir Management and Operations Models, A State - of the art Review[J]. Water Resources Research,1985(12):1797 -1818.

[30]A. A. 索柯洛夫,H. A. 希克洛曼诺夫. 水资源的区域再分配[M]. 赵抱力,译. 北京:水利水电出版社,1985.

[31]R. L Bowen and R. A. Young. Financial and economic irrigation net benefit functions for Egypt's Northern Delta[J]. Water Resources Research,1985,21(8):1329 – 1335.

[32]Willis R,W. W – G Yeh. Groundwater system planning and management[M]. New jersey:Prentice Hall,1987.

[33] Ahmed&Sampath. Welfare Lications of Tube Well Irrigationin Bangladesh[J]. Water Resource Bulletin,1988,24(5):1057 – 1063.

[34]Brajer, V. &Martin, W. Water Rights Markets: Social and Legal Considerations: Resources Community Value, Legal Inconsistencies and Vague Definition and Assignment of Rights Color Issues[J]. American Journal of Economies and Sociology,1990,49(1):35 – 44.

[35]Afzal Javaid, Noble David H. Optimization model for alternative use of different quality irrigation waters[J]. Journal of Irrigation and Drainage Engineering,1992,118(2):218 – 228.

[36]Ostrom,E. &Gargent. with A Symmetries in the Commons: Self – goveming Irrigation Systems Can Work[J]. The Jorunal of Economic Pers Peetives,1993,7(4):93 – 112.

[37]Watkins David W,Jr Mc Kinney,Daene C Robust. Optimization for incorporating risk and uncertainty insustainable water resources planning[J]. International Association of Hydrological Sciences,1995,231(13):225 – 232.

[38]R. A. Fleming&R. M. Adams. Water quality model structure identification using dynamic linear modeling[J]. Water Science and Technology ,

1995,36(5):27 -34.

[39]Henderson J L, Lord W B. Gaming Evaluation of Colorado River Drought Management institutional options [J]. Water Resources Bulletin, 1995, 31(5):907 -924.

[40]Dinar,Ariel,Mark W Rosegrant, Ruth Meinzen - Dick. Water Allocation Mechanisms - Principles and Examples[M]. Washington:The World Bank,1995.

[41]Mukherjee N. Water and land in South Africa:Economy - wide impacts of reform:A case study for the olifabts river[J]. TMD. Discussion Paper No. 12,Washington, D. C. International Food Policy Research Insititute, 1996.

[42]Norman J. Dudely. Optimal Interseasonal Irrigation Water Allocation [J]. Water Resour. Res. ,1997,7(4):1652 -1655.

[43]Perrcia C& Oron O. Optimal Operation of Regional System with Diverse Water Quality Sources[J]. Journal of Water Resources Planning and Management,1997,203(5):230 -237.

[44] Meinzen - Dick&Mendoza. Altemative Water Allocation Mechanism India and International Experience[J]. Economic and Political Weekly,1996,31:25 -30.

[45]Meinzen - Dick. Farmer Participation in Irrigation:20 Years of Experience and Lessons foe the Future[J]. Irrigation and Drainage Systems, 1997,11:103 -118.

[46]Wang M&Zheng C. Ground water management optimization using genetic algorithms and simulated annealing: Formulation and comparison

[J]. Journal of the American Water Resources Association, 1998, 34(3): 519 - 530.

[47] Kumar, Arun. Minocha, Vijay K. Fuzzy optimization model for water quality management of a river system [J]. Journal of Water Resources Planning and Management, ASCE, 1999, (3): 179 - 180.

[48] Vermillion, D. L. Impacts of Irrigation Managemen Teansfer: a Review of the Evidenee[J]. IIMI, Research Report, 1997, No. 11. Colombo, Sri Lanka.

[49] Reidinger, R&Juergen, V. Critical Institutional Challenges for Water Resources Management [C]. World Bank Resident Mission in China, 2000.

[50] Morshed Jahangir&Kaluarachchi Jagath J. Enhancements to genetic algorithm for optimal ground - water management[J]. journal of Hydrologic Engineering, 2000, 51(1): 67 - 73.

[51] Rose grant M W, Ringler I C, McKinney D C, et al. Integrated economic - hydrologic water modeling at the basin scale: the maipo river basin[J]. Agricultural Economics, 2000, 24(1): 33 - 46.

[52] Tisdll J G. The environmental impact of water market: an Australian case - study[J]. Journal of environmental management, 2001, 62: 113 - 120.

[53] Dai T W, Labadie J W. River basin network model forintegrated water quantity/quality management[J]. Journal of Water Resources Planning and Management, ASCE, 2001, (5): 295 - 305.

[54] Tewei Dat John W. Labadie. River basin network model for integrated water quantity/quality management. Journal of water resources

planing&management[J],2001,127(5):295-305.

[55]C. N. Charalam bous. Water management under drought conditions [J]. Desalination,2001,38(9):3-6.

[56]Jerson K,Rafael K. Water allocation for Economic production in a semi-arid redion[J]. Water resources development,2002,18(3):391-407.

[57]Hare M, Medugno D, Heeb J, et al. An applied methodology for participatory model building of agent-based models for urban water management[M]. Germany: SCS-European Publishing House, 2002.

[58]McKinney D C and Cai X. Linking GIS and water resources management models: an object-oriented method [J]. Environmental Modeling and Software,2002,17(5):413-425.

[59]Fedra K. GIS and simulation models for water resources management: a case study of the Kelantan River, Malaysia[J]. GIS Development, 2002(6):39-43.

[60]Thomas C B, Gustavo E D, Oli G B. Planning water allocation in river basin, AQUARIUS: a system's approach[A]. Proceedings of 2nd Federal Interagency Hydrologic Modeling Conference. Lasvegas,NV,2002.

[61] Bjornlund H. Farmer participation in markets fortemporary and permanent water in southeastern Australia [J]. Agricultural Water Management, 2003, 3(11):57-76.

[62]Moledina A A,Coggins J S,Polasky S,et al. Dynamic environmental policy with strategic firms: pricesver susquantities[J]. Journal of Environmental Economics and Management,2003,45:356-376.

[63] Requatea T, Unold W. Environmental policy incentives to adopt

advanced abatement technology:Will the true ranking please stand up? [J]. European Economic Review,2003,47:125 - 146.

[64]Fischer C,Parry I W H,Pizer W A. Instrument choice for environmental protection when technological innovation is endogenous[J]. Journal of Environmental Economic and Management,2003,45(3):523.

[65]Pezzey J C V. Emission Taxes and Tradeable Permits:A Comparison of Views on Long - Run Efficiency[J]. Environmental and Resource Economics,2003,26(2):329.

[66]Morthorst P E. Interactions of a tradable green certificate market with a tradable permits market[J]. Energy Policy,2001,29(5):345 - 353.

[67]Morthorst P E. Co - existence of electricity, markets in the Baltic Sea Region[J]. Energy Policy,2003,31(1):85 - 96.

[68] Becu N,Perez P,Walker A. Agent based simulation of a small catchment water management in northern Thailand [J]. Ecological Modeling,2003,170:319 - 331.

[69]Sakhiwe,Pieter. Equitable water allocation in a heavily committed international catchment area [J]. Physics and Chemistry of the Earth,2004 (29):1309 - 1317.

[70]Maja Schluter,Andre G. Savitsky,Daene C. McKinney,Helmut Lieth. Optimizing long - term water allocation in the Amudarya River delta:a water management model for ecological impact ssessment[J]. Environmental Modelling&Software,2005(20):529 - 545.

[71] Khare D, Jat M K. Assessment of waterresources allocation options: conjunctive use planning in a link canal command [J]. Resources

Conservation &Recycling, 2006, 51(8):487 -506.

[72] Calatrava. J&Garrido A. Difficulties in Adopting Formal water Trading Rules within Users' Assoeiations [J]. Joumal of Eeonomic Issues, 2006,1:27 -44.

[73] Pahl - Wostl C. The implications of complexity for integrated resources management [J]. Environmental Modeling&Software,2007,22(5): 561 -569.

[74] Rammel C, Stagl S. Managing complex adaptive systems: a perspective on natural resource management [J]. Ecological Economics, 2007, 63:9 -21.

[75] Abolpour B. Water allocationimprovement in river basin using adaptive neural fuzzy reinforcement learning approach[J]. Applied Soft Computing,2008(7):265 -285.

[76] Marchiori C, Sayre S, Simon L K. On the implementation and performance of water rights buyback schemes[J]. Water resources management, 2012, 26(10):2799 -2816.

[77] Kolinjivadi V, Adamowski J, Kosoy N. Recasting payments for ecosystem services (PES) in water resource management: A novel institutional approach[J]. Ecosystem Services, 2014, 10: 144 -154.

[78] Connell D. Irrigation,water markets and sustainability in Australia's Murray - Darling Basin[J]. Agriculture & agricultural science procedia,2015(4) :133 -139.

[79] SU Puya, QI Shi. Comparative Study on Collective Forest Tenure Reform and Water Rights System Reform in China[J]. Journal of Resources

and Ecology, 2018, 9(4): 444-454.

[80]谭维炎,黄守信,等.应用随机动态规划进行水电站水库的最优调度[J].水利学报,1982(7):1-7.

[81]翁文斌,姚汝祥,廖松,等.大石河流域地面和地下水联合运用的模拟计算[J].水文,1984(5):19-27.

[82]贺北方.区域可供水资源优化分配的大系统优化模型[J].武汉水利电力学院学报,1988(5):109-118.

[83]吴泽宁,蒋水心,贺北方,等.经济区水资源优化分配的大系统多目标分解协调模型[J].水能技术经济,1989(1):1-6.

[84]张永贵.区域水资源开发利用战略研究——以河北省廊坊地区为例[J].自然资源,1994(2):47-51.

[85]刘昌明,黄荣辉.中国科学院"九五"重大项目"中国华北区域水资源变化与调配的研究"[Z],1997.

[86]陈守煜.区域水资源可持续利用评价理论模型与方法[J].中国工程科学,2001,3(2):33-38.

[87]王劲峰,刘昌明,等.水资源空间配置的边际效益均衡模型[J].中国科学,2001,3(2): 421-427.

[88]赵斌,董增川,等.区域水资源合理配置分质供水及模型[J].人民长江,2004,35(2):21-22.

[89]王海政,仝允桓.可持续发展视角下的区域水资源优化配置模型[J].清华大学学报(自然科学版),2007,47(9):1531-1536.

[90]翁文斌,史慧斌.基于宏观经济的区域水资源多目标集成系统[J].水科学进展,1995(2):139-144.

[91]翁文斌,蔡喜明,史慧斌,等.宏观经济水资源多目标决策分析

方法及应用[J]. 水利学报,1995(2):1-11.

[92]许新宜,王浩,甘泓,等. 华北地区宏观经济水资源规划理论与方法[M]. 郑州:黄河水利出版社,1997.

[93]谢新民,岳春芳,等. 宁夏水资源优化配置模型与方案分析[J]. 中国水利水电科学研究院学报,2000,4(1):16-26.

[94]薛小杰,于长生,黄强,等. 水资源可持续发展利用模型及其应用研究[J]. 西安理工大学学报,2001(7):301-305.

[95]冯耀龙,韩文秀,等. 面向可持续发展的区域水资源优化配置研究[J]. 系统工程理论与实践,2003(2):133-138.

[96]裴源生,赵勇,张金萍. 广义水资源合理配置研究[J]. 水利学报,2007(1) :1-7.

[97]赵建世,王忠净,翁文斌. 水资源复杂适应配置系统的理论与模型[J]. 地理学报,2002(11):639-647.

[98]王宗志,胡四一. 基于水量与水质的流域初始二维水权分配模型[J]. 水利学报,2010(5):524-530.

[99]周婷,郑航. 科罗拉多河水权分配历程及其启示[J]. 水科学进展,2015(6):893-901.

[100]吴丹,王亚华. 双控行动下流域初始水权分配的多层梯阶决策模型[J]. 中国人口·资源与环境,2017(11):215-224.

[101]李寿声,彭世彰. 多种水源联合运用非线性规划灌溉模型[J]. 水利学报,1986(6):11-19.

[102]翁文斌. 地面水、地下水联合调度动态模拟分析方法及应用[J]. 水利学报,1988(2):1-10.

[103]程吉林,等. 模拟技术、正交设计、层次分析与灌区优化规划

[J].水利学报,1990,12(9):36-40.

[104]翁文斌,惠士博.区域水资源规划的供水可靠性分析[J].水利学报,1992(11):33-37.

[105]中国水利水电科学研究院水资源研究所.水资源大系统优化规划与优化调度经验汇编[M].北京:中国科学技术出版社,1995.

[106]甘泓,尹明万,等.新疆经济发展与水资源合理配置及承载能力研究[M].郑州:黄河水利出版社,2003.

[107]吴险峰,王丽萍.枣庄城市复杂多水源供水优化配置模型[J].武汉水利电力大学学报,2000,33(1):30-32.

[108]方创琳.区域可持续发展与水资源优化配置研究——以西北干旱区柴达木盆地为例[J].自然资源学报,2001(4):341-347.

[109]马斌,解建仓,等.多水源引水灌区水资源调配模型及应用[J].水利学报,2001(9):59-63.

[110]贺北方,周丽,等.基于遗传算法的区域水资源优化配置模型[J].水电能源科学,2002(3):10-12.

[111]杨力敏.从"东阳-义乌"水权转让看转型期国有资产(水资源)管理体制改革[J].人民珠江,2002(3):61-64.

[112]赵建立,王忠净,翁文斌.水资源复杂适应配置系统的理论与模型[J].地理学报,2002(11):639-647.

[113]刘建林,马斌,解建仓,等.跨流域多水源多目标多工程联合调水仿真模型——南水北调东线工程[J].水土保持学报,2003,17(1):25-79.

[114]肖志娟,解建仓,等.应急调水效益补偿的博弈分析[J].水科学进展,2005,16(6):817-821.

[115]尹云松,孟枫平,糜仲春.流域水资源数量与质量分配双重冲突的博弈分析[J].数量经济技术经济研究,2004,21(1):136-140.

[116]张红亚,方国华,吴文静,等.初始水权分配数学模型的建立及其应用[J].水利水运工程学报,2006(2):41-46.

[117]王慧敏,佟金萍,林晨,等.基于CAS的水权交易模型设计与仿真[J].系统工程理论与实践,2007,27(11):164-170.

[118]李胚,窦明,赵培培.最严格水资源管理需求下的水权交易机制[J].人民黄河,2014(8):52-56.

[119]吴凤平,等.基于市场导向的水权交易价格形成机制理论框架研究[J].中国人口·资源与环境,2018(7):17-25.

[120]卢华友,沈佩君,邵东国,等.跨流域调水工程实时优化调度模型研究[J].武汉水利电力大学学报,1997(5):11-15.

[121]徐慧,欣金彪,徐时进,等.淮河流域大型水库联合优化调度的动态规划模型解[J].水文,2000,20(1):22-25.

[122]邵东国,郭宗楼.综合利用水库水量水质统一调度模型[J].水利学报,2000(8):10-15.

[123]王好芳,董增川.基于量与质的多目标水资源配置模型[J].人民黄河,2004,26(6):14-15.

[124]吴泽宁,索丽生,曹茜.基于生态经济学的区域水质水量统一优化配置模型[J].灌溉排水学报,2007,26(3):1-6.

[125]张荔,王晓昌.小流域水量水质综合模型模拟研究[J].干旱区资源与环境,2008,22(2):10-13.

[126]卜国琴.排污权交易市场机制设计的实验研究[J].中国工业经济,2010(3):118-128.

[127]李春晖,孙炼,张楠.水权交易对生态环境影响研究进展[J].水科学发展,2016,27(2):307-316.

[128]钟玉秀.水权制度建设及水权交易实践中若干关键问题的解决对策[J].中国水利,2016(1):12-15.

[129]唐德善.大流域水资源多目标优化分配模型研究[J].河海大学学报(自然科学版),1992,20(6):40-47.

[130]邵东国.跨流域调水工程优化决策模型研究[J].武汉水利电力大学学报,1994,27(5):500-505.

[131]吴泽宁,丁大发,蒋水心.跨流域水资源系统自优化模拟规划模型[J].系统工程理论与实践,1997,17(2):78-83.

[132]解建仓,王新宏.跨流域水库群补偿调节的模型及 DSS 算法[J].西安理工大学学报,1998,14(2):123-128.

[133]陈晓宏.东江流域水资源优化配置研究[J].中山大学学报,2000(1):52-57.

[134]徐良辉.跨流域调水模拟模型的研究[J].东北水利水电,2001(6):1-4.

[135]王浩,秦大庸,王建华.流域水资源规划的系统观与方法论[J].水利学报,2002,33(8):1-6.

[136]王浩,秦大庸,王建华,等.黄淮海流域水资源合理配置[M].北京:科学出版社,2003.

[137]王慧敏,张玲玲,王宗志,胡震.基于供应链的南水北调东线水资源配置与调度的可行性研究综述[J].水利经济,2004(5):22-25.

[138]曾国熙,裴源生,梁川.流域水资源合理配置评价理论及评价指标体系研究[J].海河水利,2006(4):35-39.

[139]陈志松,王慧敏,仇蕾,陈军飞.流域水资源配置中的演化博弈分析[J].中国管理科学,2008(4),16(6):176-183.

[140]刘丙军,陈晓宏.基于协同学原理的流域水资源合理配置模型和方法[J].水利学报,2009,40(1):60-66.

[141]陈文艳,王好芳.基于模糊识别的流域水资源配置评价[J].水电能源科学,2009(4):32-33.

[142]孙建光,韩桂兰.塔里木河流域可转让农用水权价格中的资源水价计量研究[J].中国农村水利水电,2014(7):74-77.

[143]潘海英.水权市场建设的政府作为:一个总体框架[J].改革,2018(1):95-105.